AF532530

Jöbstl / Lipp / Strohrmann • Workbook – Digitale Transformation des Qualitätsmanagements

Ihr Plus – digitale Zusatzinhalte!

Auf unserem Download-Portal finden Sie zu diesem Titel kostenloses Zusatzmaterial. Geben Sie dazu einfach diesen Code ein:

plus-6dfps-ja9ud

plus.hanser-fachbuch.de

Oliver Jöbstl / Jürgen Lipp / Manfred Strohrmann

Workbook – Digitale Transformation des Qualitätsmanagements

Data-Science-Innovationen erfolgreich umsetzen

HANSER

Print-ISBN 978-3-446-47762-9
E-Book-ISBN 978-3-446-48043-8

Bibliografische Information der Deutschen Nationalbibliothek:
Die Deutsche Nationalbibliothek verzeichnet diese Publikation in der Deutschen Nationalbibliografie; detaillierte bibliografische Daten sind im Internet unter *http://dnb.d-nb.de* abrufbar.

Aus Gründen der besseren Lesbarkeit wird auf die gleichzeitige Verwendung der Sprachformen männlich, weiblich und divers (m/w/d) verzichtet. Sämtliche Personenbezeichnungen gelten gleichermaßen für alle Geschlechter.

www.hanser-fachbuch.de

Lektorat: Lisa Hoffmann-Bäuml
Herstellung: Carolin Benedix
Satz: Eberl & Koesel Studio, Kempten
Covergestaltung: Max Kostopoulos
Titelmotiv: © gettyimages.de/berya113
Druck und Bindung: Hubert & Co. GmbH und Co. KG BuchPartner, Göttingen

Printed in Germany

Inhalt

01 Warum dieses Workbook?

Unternehmen können sich immer weniger auf den vergangenen Erfolgen ausruhen. Die Mitbewerber, die Technologien und der Markt müssen ständig beobachtet werden, um den Innovationsbedarf und die damit verbundenen Chancen rechtzeitig zu erkennen und zu nutzen. Innovationen systematisch umzusetzen, ist mehr denn je ein essenzieller Erfolgsfaktor, und ein wesentliches Innovationspotenzial liegt in der Digitalisierung und den damit generierten Daten, die viel zu oft in Unternehmen ungenutzt bleiben.

In dem Buch „Die digitale Transformation des Qualitätsmanagements" zeigen die Autoren Möglichkeiten auf, die Digitalisierung dazu zu nutzen, das Qualitätsmanagement auf ein deutlich höheres Niveau zu heben, beispielsweise durch digitale QM-Systeme oder durch die Verbesserung der Produkt- und Prozessqualität mithilfe von Daten und digitalen Technologien. In dem Buch wird auch ein Vorgehensmodell zur systematischen Identifikation und Umsetzung von Use-Case-Ideen zur Prozessverbesserung vorgestellt. Aufgrund der häufig gestellten Fragen zu dem Thema und der hohen Praxisrelevanz haben sich die Autoren entschlossen, diese Vorgehenslogik im Detail zu erläutern und in Form des vorliegenden Workbooks umsetzungsorientiert zur Verfügung zu stellen.

Dieser Praxisleitfaden fokussiert sich nicht ausschließlich auf das Thema Qualitätsmanagement, sondern bezieht sich auf alle Arten von datengetriebenen Innovationen mit Fokus auf das industrielle Umfeld, wobei das Spektrum von einfachen Visualisierungslösungen bis hin zu Prognosemodellen mithilfe von Machine Learning und künstlicher Intelligenz reicht. Diese Innovationen im Bereich Data Science können sich einerseits darauf beziehen, neue digitale Lösungen und Services mit Mehrwert für Kunden zu entwickeln, und andererseits darauf, die bestehenden Prozesse systematisch und kontinuierlich hinsichtlich Effektivi-

Bild 1.1 Die Wirkung von Innovationen im Bereich Data Science

tät, Effizienz und Flexibilität zu verbessern. Darüber hinaus können neue Business-Modelle generiert werden, die eine völlig neue Art der Leistungserbringung und -verrechnung mit sich bringen (**Bild 1.1**).

Die Möglichkeiten hierzu sind in den letzten Jahren enorm gestiegen – nicht nur, weil immer mehr Daten zur Verfügung stehen, sondern weil aktuell auch die Möglichkeiten zur Verarbeitung von großen Datenmengen vorhanden sind und entsprechende intelligente Algorithmen in rasender Geschwindigkeit weiterentwickelt wurden, wie am jüngsten Hype um ChatGPT zu sehen ist.

Die Vorgehensweise vom Finden der erfolgversprechendsten Use Cases hin zur gewinnbringenden und nachhaltigen Umsetzung muss jedoch von Unternehmen beherrscht werden. Dieser Prozess ist unternehmensspezifisch durch die Definition von entsprechenden Verantwortlichkeiten und Rollen zu organisieren. Es handelt sich hierbei um einen hochgradig interdisziplinären Prozess, weil die unterschiedlichsten Kompetenzen, beispielsweise Fachexperte, IT-Spezialist, Data Analyst und Software Designer eine gute Gesprächs- und Arbeitsbasis finden und ein einheitliches Bild für die Vorgehensweise erarbeiten müssen. Dies geschieht in einer sehr komplexen Ausgangssituation, wo der Erfolg der Innovation keineswegs garantiert werden kann.

Erfolgsentscheidend ist eine Vorgehenslogik, die Orientierung und Klarheit schafft, für effektive Teamarbeit sorgt und je nach Aufgabenstellung geeignete Techniken vorschlägt, die in zielführender Art und Weise zu verwenden sind. Genau diese Vorgehenslogik wird in diesem Workbook vorgestellt.

02 Einführung in Data Science

2.1 Arten von Use Cases

Data Science im industriellen Umfeld ist die Kunst, aus Daten Wissen zu generieren, um Mehrwert für Unternehmen zu schaffen. Data Science beschäftigt sich typischerweise mit der Analyse von großen Datenmengen, der Identifikation von Abnormalitäten in den Daten und mit der Vorhersage von zukünftigen Ereignissen. Use Cases im Bereich Data Science reichen von der Verbesserung eines Prozesses über die Entwicklung neuer Produkte und Dienstleistungen bis hin zur Realisierung von neuen Business-Modellen. Diese Use Cases können mithilfe der Statistik in vier Kategorien unterteilt werden (**Bild 2.1**).

Descriptive Analytics

Use Cases der beschreibenden Statistik erläutern dem Anwender durch die rechtzeitige Aufbereitung von Daten in anschaulicher Art und Weise, **was** passiert ist. Die dadurch gewonnenen Einsichten können dafür genutzt werden, bessere Entscheidungen zu treffen. Beispielsweise ermöglicht die Messung von Prozessen in Echtzeit, Schwachstellen im Prozess rechtzeitig zu erkennen und diese zu beseitigen. Zusätzlich erfordert das Abrufen von Daten aus verschiedenen Quellen und Abteilungen im industriellen Umfeld oftmals viel Zeit, die durch eine automatische Aufbereitung eingespart werden kann. Diese Use Cases sind zumeist einfach umzusetzen und haben daher in der Praxis sehr große Bedeutung. Es wird die natürliche Intelligenz der Menschen genutzt und erweitert („augmented"). Daher werden diese Lösungen im industriellen Umfeld auch unter dem Stichwort „Augmented Workers" thematisiert.

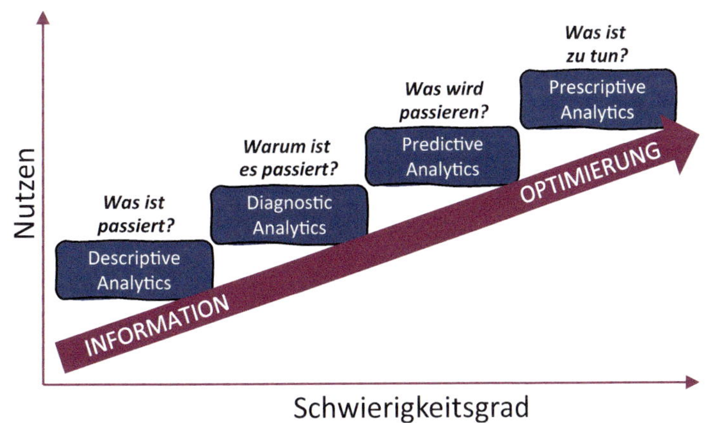

Bild 2.1 Unterteilung von Data Science Use Cases mithilfe der Statistik

Diagnostic Analytics

Hier werden bereits Aspekte mitaufbereitet, die Hinweise geben, **warum** bestimmte Dinge passiert sind. Beispielsweise werden Korrelationsdiagramme dargestellt, die Hinweise auf Ursachen und damit Ansatzpunkte geben.

Predictive Analytics

Im Bereich der prädiktiven Analyse werden Daten dazu verwendet, um zu prognostizieren, **was passieren wird.** Hierzu braucht es Lösungen im Bereich Machine Learning und künstlicher Intelligenz. Es wird aus Vergangenheitsdaten gelernt, indem Gesetzmäßigkeiten erkannt und als Funktion modelliert werden. Dieses Modell wird auf neue Daten angewandt, um Prognosen abzugeben.

Prescriptive Analytics

Präskriptive Lösungen haben zum Ziel, nicht nur Prognosen abzugeben, sondern auch konkrete Handlungsempfehlungen mitzuliefern, **was zu tun ist**. Dies erfordert eine eingehende Diskussion mit den Domänenexperten über die möglichen Optionen, um darauf basierend beispielsweise mithilfe von definierten Regeln oder Optimierungsverfahren die vielversprechendste Handlung abzuleiten. Angenommen, es wurde ein Modell trainiert, welches in der Lage ist, den Output von mehreren teilweise konkurrierenden Qualitätsmerkmalen in Abhängigkeit von verschiedenen Maschineneinstellungen zu prognostizieren. Wird festgestellt, dass sich ein Qualitätsmerkmal zu sehr einer Toleranzgrenze nähert und Gefahr besteht, Ausschuss zu produzieren, so gibt es mehrere Möglichkeiten, das Qualitätsmerkmal wieder näher dem Zielwert zu bringen. Mithilfe von Optimierungsverfahren kann eine Handlungsempfehlung abgeleitet werden, die beispielsweise lautet: „Wenn das betroffene Qualitätsmerkmal um y % verbessert und gleichzeitig sichergestellt werden soll, dass die anderen Qualitätsmerkmale innerhalb der Toleranzgrenzen bleiben, dann ist es am kostengünstigsten, den Maschinenparameter 1 um einen Betrag x zu verändern.“

2.2 Machine Learning und künstliche Intelligenz

Bei Machine Learning werden mithilfe von Algorithmen in einem Datensatz während einer Trainingsphase Muster und Gesetzmäßigkeiten erkannt und als Funktion modelliert. Diese Modelle werden danach in der sogenannten Inferenzphase auf neue Daten angewandt, um für diese Daten Prognosen zu erstellen und diese einem Anwender zur Verfügung zu stellen (**Bild 2.2**). Wichtig ist es zu verstehen, dass hier nach wie vor der Mensch eine zentrale Rolle spielt, da beispielsweise festgelegt werden muss, welche Daten für das Training herangezogen werden sollen, und auch das algorithmische Training entsprechend gestaltet werden muss.

Man kann bei Machine Learning zwischen drei wesentlichen Lernmethoden unterscheiden. Beim überwachten Lernen (Supervised Learning) lernt der Algorithmus anhand von gelabelten Daten: Das sind Daten, die bereits mit einer Antwort versehen sind, sozusagen von einem Supervisor gelabelt wurden. Beim unüberwachten Lernen (Unsupervised Learning) sind die Lerndaten ungelabelt. Das Ziel ist es, Muster in den Daten zu erkennen und diese beispielsweise zu gruppieren. Beim bestärkenden Lernen (Reinforcement Learning) wird durch die Interaktion mit der Umgebung gelernt. Die Aufgabe besteht darin, eine optimale Handlung zu finden, um eine Belohnung zu maximieren.

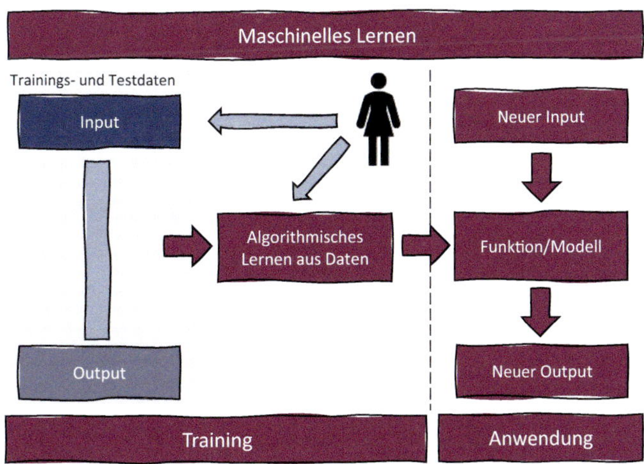

Bild 2.2 Lernen aus Daten durch Machine Learning

Künstliche Intelligenz

Weist ein Computer Fähigkeiten auf, die in der Gesellschaft zum aktuellen Zeitpunkt lediglich Menschen zugeordnet sind, dann kann man dies als künstliche Intelligenz bezeichnen. Bei derartigen Lösungen werden grundsätzlich als Eingangsgrößen Daten verarbeitet (Sense), darauf basierend wird eine Ausgangsgröße modelliert (Think) und schließlich eine Prognose oder Handlungsempfehlung erzeugt (Act). Man spricht von einer **Sense-Think-Act-Kette**, die sich durch hohe Autonomie und durch die Möglichkeit des Lernens auszeichnen muss, um sie als künstliche Intelligenz zu bezeichnen (**Bild 2.3**). Der Begriff maschinelles Lernen ist eng verwandt mit künstlicher Intelligenz, weil der Think-Teil in Lösungen der künstlichen Intelligenz oftmals mit Methoden des Machine Learning realisiert wird.

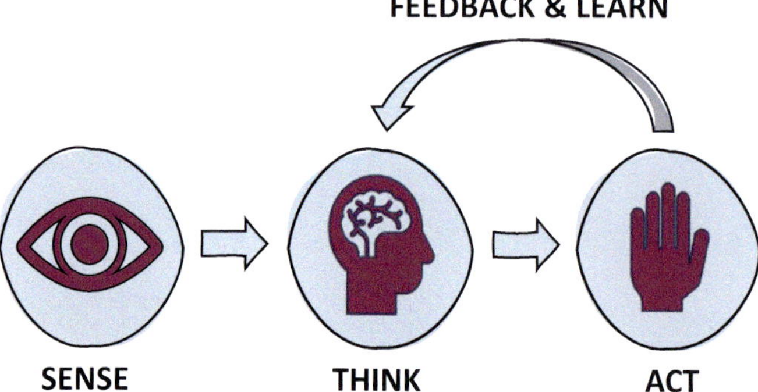

Bild 2.3 Sense-Think-Act-Kette als Erklärungsmodell für künstliche Intelligenz

2.3 Typische Anwendungsfälle von Machine Learning

Im industriellen Umfeld bietet der Einsatz von Prädiktionsmodellen äußerst vielversprechende Anwendungsmöglichkeiten, die man in sieben typische Kategorien zusammenfassen kann (**Bild 2.4**).

1. Regression und Klassifizierung

Bei Regressionsaufgaben wird eine **quantitative** Ausgangsgröße prognostiziert (die Größe eines Durchmessers), während bei Klassifikationsaufgaben eine **qualitative** Vorhersage getroffen wird (z. B. Ausschuss ja/nein). Im Rahmen einer Regressionsaufgabe werden die Datenpunkte, die als Lerndaten zur Verfügung gestellt werden, durch eine Gerade bzw. Kurve beschrieben. Nach dem Prinzip der kleinsten Fehlerquadrate ist die Kurve so zu legen, dass die Summe der Quadrate aller Abstände von den Stichprobenwerten zu der Kurve möglichst klein wird. Die durch dieses Verfahren bestimmte Funktion wird als Regressionsfunktion bezeichnet. In der Fertigung können Regressionsverfahren zum Beispiel zur Prognose des Ergebnisses eines Qualitätsmerkmals (Härte, Durchmesser, Rundheit etc.) eingesetzt werden. Dabei wird mithilfe von Eingangsgrößen eine Abweichung des Qualitätsmerkmals vom Sollwert prognostiziert, um darauf basierend rechtzeitig Gegenmaßnahmen einzuleiten.

Für Aufgabenstellungen mit qualitativen Ausgangsgrößen (Klassen) werden Klassifikationsverfahren eingesetzt. Damit lassen sich zum Beispiel folgende Fragestellungen behandeln:

- Entspricht ein Produkt mit bekannten Merkmalen der Spezifikation?
- Kauft ein Kunde mit bekannten Eigenschaften das angebotene Produkt?
- Ist ein Patient mit bekannten Symptomen an einer Krankheit erkrankt?

Klassifikationsverfahren fällen Prognosen über eine Spezifikation, einen Kauf oder eine Krankheit auf Basis von Informationen, die in Form von Merkmalen, Kundeneigenschaften oder Symptomen vorliegen. In der Produktion werden derartige Modelle dazu verwendet, um Ausschuss zu prognostizieren und somit Qualitätsfehler zu vermeiden. In der Produktentwicklung kann mit der Methodik beispielsweise systematisch aus Felddaten gelernt werden, um innovative und kundenorientierte Produkte zu entwickeln.

2. Clusterung

Als Cluster (Gruppe oder Anhäufung) bezeichnet man in der Informatik und Statistik eine Gruppe von Datenobjekten mit ähnlichen Eigenschafen. Die Verfahren zur Berechnung einer solchen Gruppierung werden Cluster-Analysen genannt. Die eingesetzten Algorithmen lernen in der Regel Muster direkt aus den Daten, ohne dass es eine Zielgröße gibt (Unsupervised Learning). Ein praktischer und allgegenwärtiger Ansatz ist „Das könnte auch gefallen …“. Wenn man beispiels-

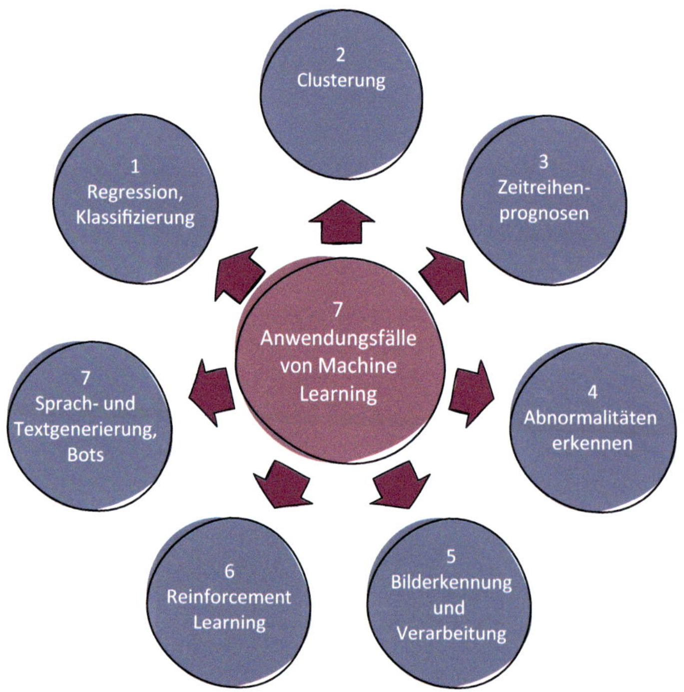

Bild 2.4 Anwendungsfälle für Machine Learning im industriellen Umfeld

weise an einem Buch aus der Google Books Library interessiert ist, schlägt Google gleichzeitig „ähnliche Bücher“ vor. Es gibt mehrere Szenarien, wie diese Empfehlungen zustande gekommen sein können. Eine davon ist, dass Google die Bücher gewissen Clustern zugeordnet hat. Wenn man ein Buch aus einem Cluster betrachtet, werden dem Leser weitere Bücher desselben Clusters vorgeschlagen.

3. Zeitreihenprognosen

Viele Informationen in Wirtschaft und Technik liegen als Funktion der Zeit vor. Die Zeitreihenanalyse beschäftigt sich mit der Analyse dieser Zeitverläufe. Über die grafische Darstellung hinaus werden Muster identifiziert und Prognosen erstellt, um Aussagen zu treffen und Prozesse zu steuern. Mit der Zeitreihenanalyse lassen sich zum Beispiel wirtschaftliche Kenngrößen wie Umsatz oder Aktienkurse, aber auch Qualitätsmerkmale beschreiben und prognostizieren.

4. Abnormalitäten erkennen

Das Anwendungsgebiet der Erkennung von sogenannten Ausreißern ist beispielsweise im Qualitätsmanagement besonders relevant. Die statistische Prozesslenkung (Statistical Process Control – SPC) ist eine einfache und etablierte Möglichkeit der Ausreißererkennung, indem Datenpunkte außerhalb von +/–3 Standardabweichungen (Sigma) eines sonst prozessfähigen Qualitätsmerkmals als Abnormalität ausgewiesen werden. Durch Machine Learning gibt es eine Reihe weiterer Möglichkeiten der Erkennung von Ausreißern, wobei drei wesentliche Verfahren unterschieden werden können:

- **Unsupervised:** Daten werden an einen Clustering-Algorithmus übergeben und Ausreißer werden als abnormale Datenpunkte identifiziert, weil sie beispielsweise keinem Cluster zugeordnet werden können.
- **Semi-supervised:** Eine normale Beziehung zwischen Ein- und Ausgangsgrößen oder auch zwischen mehreren Eingangsgrößen wird modelliert und jede signifikante Abweichung von diesem Modell wird als Ausreißer identifiziert.
- **Supervised:** Wenn Ausreißer in einem Datensatz als solche gekennzeichnet wurden und ausreichend Daten von Ausreißern zur Verfügung stehen, können Klassifizierungsalgorithmen zur Ausreißererkennung verwendet werden.

All diese Verfahren sind in der Lage, multivariate Ausreißer, d. h. unübliche Kombinationen von Merkmalsausprägungen, als Abnormalitäten zu erkennen.

5. Bilderkennung und Verarbeitung

Im Bereich der Bildverarbeitung gibt es zahlreiche Anwendungsmöglichkeiten im industriellen Umfeld wie beispielsweise in der Sichtprüfung im Qualitätsmanagement oder auch in der automatischen Detektion von Objekten in der Fertigung. Zur Bildverarbeitung mittels künstlicher Intelligenz eignen sich besonders die sogenannten Faltungsnetze, die als Convolutional Neural Networks (CNNs) bezeichnet werden. Sie werden dem Bereich Deep Learning zugeordnet, wobei der Begriff für „tiefe“ neuronale Netze steht, die entstehen, wenn zahlreiche Zwischenschichten verwendet werden.

6. Reinforcement Learning

Reinforcement Learning entspricht am ehesten dem Lernverhalten von Menschen. Es kann zwischen überwachtem und unüberwachtem Lernen angesiedelt werden, weil in einer meist simulierten Umgebung ein Agent durch Ausprobieren und Feedback in Form von Belohnungen angelernt wird. Aktionen mit negativer Rückkopplung werden unterlassen, diejenigen mit positiver werden wiederholt. Mit Reinforcement Learning ist es möglich, nicht nur eine Entscheidung, sondern auch eine Abfolge von Entscheidungen im Sinne einer Sequenz von Aktionen zu lernen. Das dazu notwendige Feedback über den Erfolg der Aktion kann auch zeitverzögert erfolgen bzw. erst erfolgen, nachdem bereits andere Aktionen getätigt wurden. Die Anwendungsmöglichkeiten sind vielfältig: Planungsprozesse, die optimiert werden, weil ein Agent die richtige Belegung von Produktionsanlagen lernt, oder Logistikprozesse, die deutlich verbessert werden, weil ein Agent den richtigen Bestellzeitpunkt erlernt hat.

7. Sprach- und Textgenerierung – Chatbots

Die digitale Verarbeitung von Texten bietet ein weites Feld an Anwendungen, das insbesondere durch ChatGPT (Generative Pre-trained Transformer) großen Auftrieb bekommen hat. Lösungen in diesem Bereich können beispielsweise Artikel oder Normen zusammenfassen und automatisch in Präsentationen wandeln. Es können Texte erstellt, Stimmungsanalysen in sozialen Medien durchgeführt, Unterschiede in Dokumenten systematisch analysiert, Texte übersetzt oder auch Recherchen durchgeführt werden. Chatbots können dafür verwendet werden, kreative neue Ideen zu entwickeln.

Zum Einsatz kommen sogenannte LLMs (Large Language Models), die darauf trainiert wurden, Muster und Beziehungen in Texten zu lernen und richtige Antworten auf Benutzerfragen zu generieren. LLMs werden mit riesigen Datenmengen trainiert und verwenden eine neue Art des Lernens, das als Selfsupervised Learning bezeichnet wird: Aus den Textdaten werden automatisiert Labels generiert, indem in einem Satz das nächste Wort entfernt und dann das Netz darauf trainiert wird, das entfernte Wort richtig vorauszusagen. Damit lernen diese Modelle (Transformer), korrekte Sätze zu bilden.

Der große Durchbruch beispielsweise bei ChatGPT gelang dadurch, dass diese Sprachmodelle sowohl durch Supervised Learning als auch Reinforcement Learning weiter optimiert wurden. Zunächst wurde das Generieren von Antworten durch Supervised Learning gelernt, indem zum Lernen vorgefertigte Antworten zur Verfügung gestellt wurden. Danach wurde ein Reward-Modell für Reinforcement Learning trainiert, indem das Modell nach dem Zufallsprinzip mehrere Antworten generiert und Menschen die verschiedenen Antworten bewertet haben. Mithilfe der gelernten Reward-Funktion konnte Reinforcement Learning dazu verwendet werden, das Modell weiter zu optimieren. Dieser Ansatz wird auch als Reinforcement Learning based on Human Feedback (RL-HF) bezeichnet.

03 Vorgehensmodell

Die Erfahrung aus zahlreichen datengetriebenen Use Cases zeigt, dass die unterschiedlichen Disziplinen (Domänenexperten, IT-Spezialisten, Mathematiker, Software-Entwickler) insbesondere bei komplexen Aufgabenstellungen unterschiedliche Vorstellungen bezüglich der richtigen Vorgehensweise haben können und auch die Kommunikation sehr herausfordernd sein kann.

Mithilfe eines standardisierten Vorgehensmodells können Use Cases im Bereich Data Science effektiver und effizienter realisiert werden. Werden geeignete Methoden angewandt, sorgt das für Orientierung und Klarheit, und außerdem werden damit die Ergebnisse und die gewonnenen Erfahrungen aus dem Projekt nachvollziehbar dokumentiert. Basierend auf dem bekannten CRISP-DM (Cross Industry Standard Process for Data Mining) und zahlreichen Praxisprojekten wurde mit der voestalpine High Performance Metals DIGITAL SOLUTIONS GmbH gemeinsam das dargestellte Vorgehensmodell entwickelt, das die Autoren als CRISP-DS (Cross Industry Standard Process for Data Science) bezeichnen.

Nicht vergessen werden darf, dass bei der Umsetzung von datengetriebenen Use Cases eine agile Vorgehensweise zu wählen ist. Agiles Arbeiten dient dazu, möglichst schnell zu lernen, und ist damit eine Strategie, mit der Komplexität und Unsicherheit bei Data Science Use Cases umzugehen. Somit ist es im Rahmen der Realisierung von Use Cases üblich, dass das dargestellte Vorgehensmodell mehrmals iterativ durchlaufen wird und auch ständig zwischen den Schritten gewechselt werden darf.

In dem Vorgehensmodell werden zwei Kreise dargestellt. Der rechte Kreis beschreibt die Lernphase und damit die Ausarbeitung der datengetriebenen Lösung bis zur entsprechenden Validierung. Zu sehen ist, dass hierbei Experten vom Fach mit entsprechendem Produkt- und Prozesswissen, Data Engineers mit dem Wissen über IT-Infrastruktur und Data Analysten mit den entsprechenden Kenntnissen hinsichtlich Algorithmen und Mathematik gut zusammenarbeiten müssen. Bewusst sind die entsprechenden Aufgaben in der Nähe der Rollen angeordnet: So sieht man beispielsweise, dass die Domänenexperten schwerpunktmäßig bei den Aufgaben Business-Ziele ableiten, Daten verstehen und Lösungen validieren mitwirken müssen. Wichtig ist, dass man sich bei den ersten Schritten genügend Zeit nimmt und die Domänenexperten ausreichend eingebunden sind.

Der linke Kreis beschreibt die Deployment-Phase und damit die industrielle Umsetzung der Lösung und unterstreicht die Notwendigkeit, dass dieser Prozess im Sinne der kontinuierlichen Verbesserung niemals endet, weil ständig die Aktualität der Lösung zu prüfen ist und entsprechende Verbesserungsmaßnahmen notwendig sein werden. Außerdem sind hier zusätzliche Kompetenzen hinsichtlich Software-Engineering notwendig, und es braucht fähige Personen, die neue Lösungen in effizienter Art und Weise operationalisieren können.

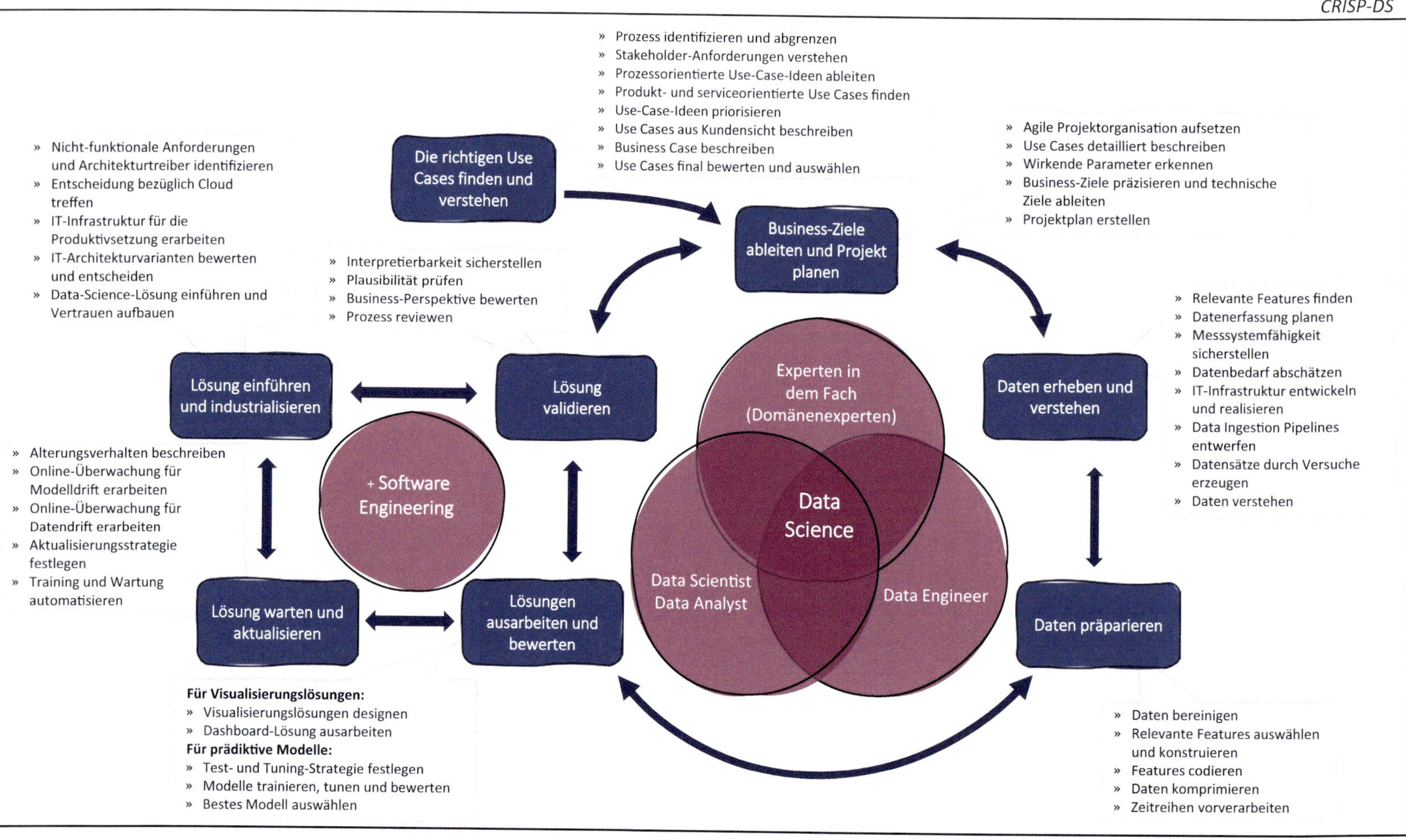
CRISP-DS
» Prozess identifizieren und abgrenzen
» Stakeholder-Anforderungen verstehen
» Prozessorientierte Use-Case-Ideen ableiten
» Produkt- und serviceorientierte Use Cases finden
» Use-Case-Ideen priorisieren
» Use Cases aus Kundensicht beschreiben
» Business Case beschreiben
» Use Cases final bewerten und auswählen
Die richtigen Use Cases finden und verstehen
Business-Ziele ableiten und Projekt planen
» Agile Projektorganisation aufsetzen
» Use Cases detailliert beschreiben
» Wirkende Parameter erkennen
» Business-Ziele präzisieren und technische Ziele ableiten
» Projektplan erstellen
» Nicht-funktionale Anforderungen und Architekturtreiber identifizieren
» Entscheidung bezüglich Cloud treffen
» IT-Infrastruktur für die Produktivsetzung erarbeiten
» IT-Architekturvarianten bewerten und entscheiden
» Data-Science-Lösung einführen und Vertrauen aufbauen
» Interpretierbarkeit sicherstellen
» Plausibilität prüfen
» Business-Perspektive bewerten
» Prozess reviewen
» Relevante Features finden
» Datenerfassung planen
» Messsystemfähigkeit sicherstellen
» Datenbedarf abschätzen
» IT-Infrastruktur entwickeln und realisieren
» Data Ingestion Pipelines entwerfen
» Datensätze durch Versuche erzeugen
» Daten verstehen
Lösung einführen und industrialisieren
Lösung validieren
Daten erheben und verstehen
Experten in dem Fach (Domänenexperten)
Data Science
Data Scientist Data Analyst
Data Engineer
+ Software Engineering
» Alterungsverhalten beschreiben
» Online-Überwachung für Modelldrift erarbeiten
» Online-Überwachung für Datendrift erarbeiten
» Aktualisierungsstrategie festlegen
» Training und Wartung automatisieren
Lösung warten und aktualisieren
Lösungen ausarbeiten und bewerten
Daten präparieren
Für Visualisierungslösungen:
» Visualisierungslösungen designen
» Dashboard-Lösung ausarbeiten
Für prädiktive Modelle:
» Test- und Tuning-Strategie festlegen
» Modelle trainieren, tunen und bewerten
» Bestes Modell auswählen
» Daten bereinigen
» Relevante Features auswählen und konstruieren
» Features codieren
» Daten komprimieren
» Zeitreihen vorverarbeiten

04 Die richtigen Use Cases finden und verstehen

Für eine erfolgreiche Umsetzung von Innovationen im Bereich Data Science ist es wichtig, dass zu Beginn ein ausreichendes Verständnis für den betroffenen Prozess bzw. für das betroffene Produkt vorhanden ist. Der Nutzer der Lösung muss über den gesamten Projektablauf im Fokus bleiben. Nähert man sich dem Thema als Technologieexperte oder als engagierter Befürworter von Machine-Learning- und KI-Lösungen, besteht die Gefahr, dass der Blick auf den Nutzen verloren wird und damit die falschen Use Cases verfolgt werden.

Die folgenden Schritte sind in dieser frühen Projektphase zu durchlaufen:

- Prozess identifizieren und abgrenzen
- Stakeholder-Anforderungen verstehen
- Prozessorientierte Use-Case-Ideen ableiten
- Produkt- und serviceorientierte Use Cases finden
- Use-Case-Ideen priorisieren
- Use Cases aus Kundensicht detailliert beschreiben
- Business Case beschreiben
- Use Cases final bewerten und auswählen

Das vorliegende Workbook fokussiert sich auf datengetriebene Use Cases im industriellen Umfeld, die sich entweder auf ein Produkt oder einen Prozess beziehen. Handelt es sich um eine potenzielle Prozessverbesserung, wird der betroffene Prozess zu Beginn identifiziert, benannt und abgegrenzt. Anschließend werden die relevanten Stakeholder-Anforderungen an den Prozess oder an das Produkt erhoben. Schließlich muss der Use Case einen echten Mehrwert für zumindest einen Stakeholder bieten.

Um Use Cases zu finden, wird der betroffene Prozess anschließend im Detail analysiert und in Teilschritte aufgegliedert. Hier wird transparent, wo kritische Entscheidungen zu treffen sind, und wie von selbst ergeben sich Ideen für Data Science Use Cases.

Bei produkt- und servicebezogenen Initiativen lohnt es sich, sich bewusst in die Perspektive der Kunden hineinzuversetzen, um entsprechende Use-Case-Ideen zu finden.

Wurden mehrere Use-Case-Ideen gefunden, kann es ratsam sein, die Ideen mit intuitiven Bewertungsmethoden zu bewerten und vorzuselektieren. Eventuell kann man einige Ideen sofort ausschließen, weil bestimmte Ausschlusskriterien verletzt werden.

Ein zentraler Erfolgsfaktor besteht darin, den Use Case sauber, verständlich und detailliert genug zu beschreiben. Damit wird sichergestellt, dass alle Disziplinen ein ausreichendes Verständnis für die Aufgabenstellung entwickeln, was wiederum die Basis für die Berechnung des Business Cases bildet.

Danach können die Use-Case-Ideen anhand von Kriterien im Detail final bewertet werden, und es kann entschieden werden, welche Ideen weiterverfolgt werden.

4.1 Prozess identifizieren und abgrenzen

Worum geht es?

Beim Finden der aussichtsreichsten prozessbezogenen Use-Case-Ideen ist es entscheidend, sich über ein ausreichendes Verständnis der Prozesse zu nähern. Wenn für einen bestimmten Prozess Ideen gefunden werden sollen, dann ist es zunächst wichtig, den betrachteten Prozess abzugrenzen, der in weiterer Folge im Detail zu analysieren ist. Die LIPOK-Methode ist hier das geeignete Werkzeug, weil der Anwender nicht nur Prozessbeginn und -ende festlegen, sondern sich auch Gedanken über die Prozesskunden und deren Erwartungen machen muss. Die Kundenerwartungen zeigen die Herausforderungen im Prozess auf, helfen bei der Fokussierung in der späteren Ideenfindung und sind die Basis für die Bewertung der digitalen Use Cases. Die Abkürzung LIPOK steht für Lieferant – Input – Prozess – Output – Kunde.

Wie geht man vor?

1. **Prozess benennen:** Zunächst ist der Prozess zu benennen, wobei darauf zu achten ist, dass dies mit Haupt- und Zeitwort geschieht. Beispielsweise wird der Prozess nicht Produktion genannt, sondern Produkte herstellen. Zum einen ist das wichtig, weil ansonsten der Prozess gerne mit der Abteilung verwechselt wird, zum anderen zwingt die Formulierung eines Zeitwortes dazu, sich über den Inhalt präzise genug Gedanken zu machen.

2. **Anfang und Ende definieren:** Festzulegen sind der letzte und erste Prozessschritt. Generell kann es für ein Team schwierig sein, den Prozess als Black Box zu betrachten und eben noch nicht ins Detail zu gehen. Das Ziel besteht nicht darin, die einzelnen Prozessschritte zwischen Anfang und Ende des Prozesses im Detail zu erarbeiten. Hier braucht es einen in der Methode geübten Moderator, um dies sicherzustellen.

3. **Output festlegen:** Darauf basierend wird der Output des Prozesses definiert.

4. **Kunden und Erwartungen ableiten:** Danach stellt man sich die Frage, für welche Kunden der Output erzeugt wird und welche Erwartungen die Kunden an diesen Output haben. Die Vorgehensweise ist nicht immer rein sequenziell zu sehen, weil beispielsweise nach der Formulierung der Kunden eventuell der Output und auch der letzte Schritt wieder angepasst werden müssen. Iterationen im Vorgehen sind normal und gewollt, weil das Team im Zuge der LIPOK-Erarbeitung dazulernt.

5. **Lieferanten und Input festlegen:** Zuletzt wird erarbeitet, welche Inputs notwendig sind, damit der Prozess ablaufen kann, und wer die Lieferanten sind.

LIPOK

Vorgehensweise

1. Prozess benennen
2. Anfang und Ende definieren
3. Output festlegen
4. Kunden und Erwartungen ableiten
5. Lieferanten und Input festlegen

Produktionsaufträge einplanen

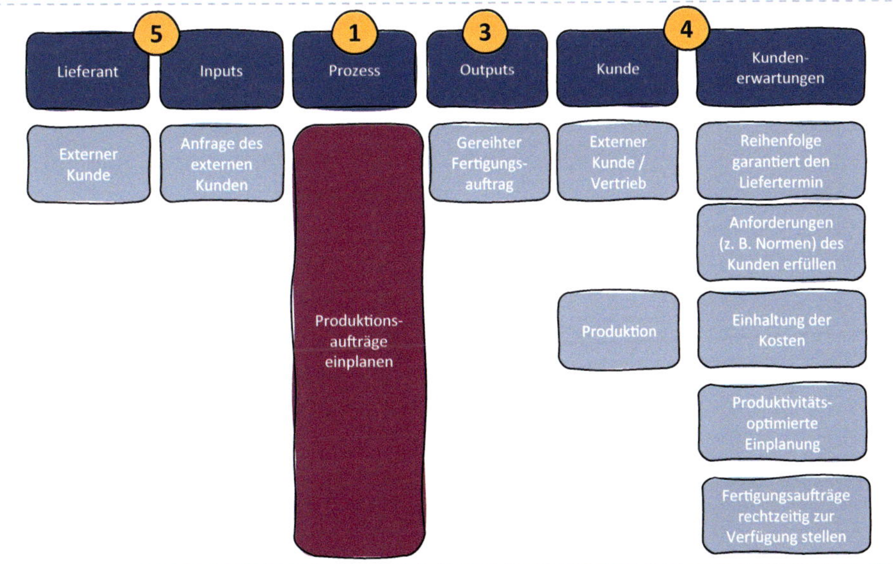

Der Prozess „Produktionsaufträge einplanen" reicht von der Anfrage des externen Kunden bis zum gereihten Produktionsauftrag in der Produktion. An den beiden Kundengruppen mit den Erwartungen sieht man die Herausforderung in dem Prozess: Wie kann es gelingen, die externen Kundenwünsche einerseits hinsichtlich Liefertreue zu erfüllen und andererseits produktivitätsoptimiert und realistisch im Sinne der Produktion einzuplanen? In weiterer Folge sind genau das die Kriterien, um datengetriebene Use Cases aus Business-Sicht zu bewerten.

Nutzen

Mit LIPOK wird der Prozess abgegrenzt, der in weiterer Folge näher zu analysieren ist. Die Kundenerwartungen zeigen die Herausforderungen im Prozess und sind Basis für die spätere Bewertung von datengetriebenen Use Cases.

Praxistipp

Bei der Prozessbenennung sollte mit Haupt- und Zeitwort gearbeitet werden, um sich von etwaigen Abteilungsnamen abzugrenzen. In der Moderation ist darauf hinzuweisen, dass der Prozess selbst eine Blackbox ist und nicht im Detail betrachtet wird.

4.2 Stakeholder-Anforderungen verstehen

Worum geht es?

Bei aller Begeisterung für datengetriebene Use Cases darf nicht vergessen werden, dass die Use Cases einen Business-Nutzen generieren müssen. Das Verständnis für die Erwartungen der Stakeholder fokussiert auf relevante Problemstellungen und bildet die Basis für das Finden von vielversprechenden Ideen und für die spätere Business-Bewertung. Die Stakeholder-Analyse dient dazu, die Kunden und Stakeholder des Prozesses zu identifizieren und deren Anforderungen im Detail zu erarbeiten. Die Methode setzt auf der LIPOK-Analyse auf und ergänzt diese im Bereich Kundenanforderungen, wobei der Fokus nicht auf Prozesskunden begrenzt ist, sondern auch andere Stakeholder wie Eigentümer, Gesellschaft oder Mitarbeitende mitbetrachtet werden.

Wie geht man vor?

1. **Stakeholder identifizieren:** Zunächst werden die betroffenen Stakeholder identifiziert und benannt.

2. **Anforderungen der Stakeholder erheben:** Danach werden im Team die relevanten Anforderungen erarbeitet. Gibt es Fragen bzw. kommt man im Team zu der Erkenntnis, dass man zu wenig Verständnis bezüglich der Bedürfnisse und Anforderungen der Stakeholder hat, ist man gut beraten, mit persönlichen Gesprächen die Stimme der Stakeholder zu erheben.

3. **Anforderungen gruppieren:** In der Regel liegen nach derartigen Gesprächen die Anforderungen unsortiert vor, sie weisen Überschneidungen und unterschiedlichste Detaillierungsgrade auf. Daher werden die Anforderungen im Team gruppiert und in Hauptgruppen zusammengefasst, sodass es beispielsweise für jeden Stakeholder drei bis fünf Hauptanforderungen gibt. Bei der Gruppierung und Präzisierung der Stakeholder-Erwartungen hat es sich bewährt, mit handgeschriebenen Karten zu arbeiten, um flexibel auf neue Erkenntnisse reagieren zu können.

4. **Anforderungen präzisieren und als Baumdiagramm strukturieren:** Oftmals sind die Hauptanforderungen zu grob und zu wenig präzise. Mit den ermittelten Hauptkundenanforderungen wird somit eine systematische verzweigende Auflösung in Unterkundenanforderungen vorgenommen, bis eine weitere Detaillierung nicht mehr sinnvoll erscheint. Es entsteht ein Baumdiagramm, das als Endergebnis die Kundenanforderungen systematisch von links nach rechts in einem immer größeren Detaillierungsgrad darstellt.

Vorgehensweise

1 Stakeholder identifizieren

2 Anforderungen der Stakeholder erheben

3 Anforderungen gruppieren

4 Anforderungen präzisieren (Baumdiagramm)

Finanzprüfbericht erstellen

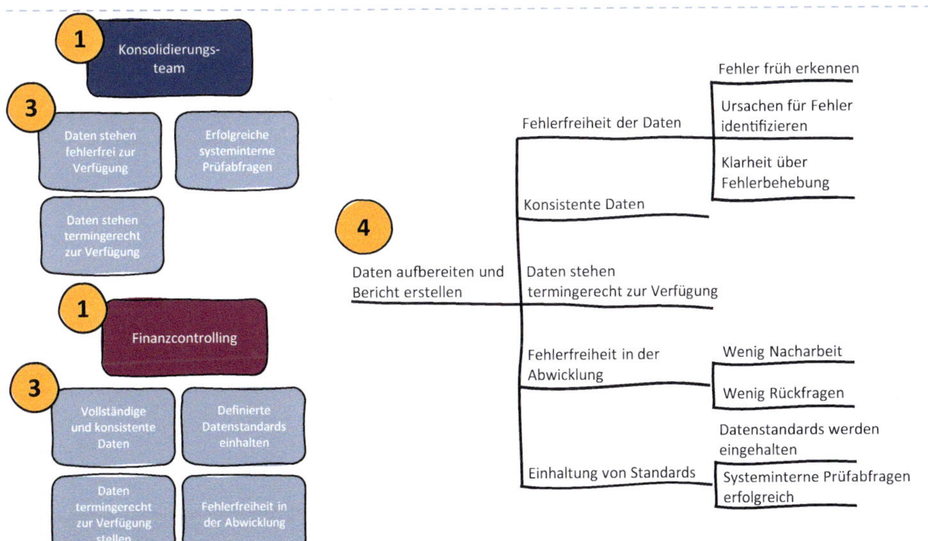

Betrachtet wird ein Prozess zur Erstellung eines Finanzberichtes. Es gibt zwei wesentliche Gruppen, die Anforderungen an den Prozess stellen. Beispielsweise braucht das Finanzcontrolling, das den Bericht erhält, konsistente und vollständige Daten, die termingerecht zur Verfügung gestellt werden. Wichtig ist auch, dass die definierten Datenstandards eingehalten werden und es zu einer fehlerfreien Abwicklung kommt. Im Baumdiagramm ist genauer aufgeschlüsselt, was unter einer fehlerfreien Abwicklung zu verstehen ist: wenig Nacharbeit und Rückfragen.

Nutzen

Use Cases müssen einen Business-Nutzen generieren. Durch die Auflistung der Stakeholder mit deren Erwartungen fokussiert man sich beim Suchen der Use Cases und schafft die Basis für die spätere Business-Bewertung.

Praxistipp

Bei der Erarbeitung von Cluster- und Baumdiagrammen hat es sich bewährt, mit handgeschriebenen Karten zu arbeiten, um iterativ und flexibel die Ergebnisse zu verfeinern. Wichtig ist auch, alle relevanten Stakeholder persönlich einzubeziehen.

4.3 Prozessorientierte Use-Case-Ideen ableiten

Worum geht es?

Um vielversprechende Use Cases für einen Prozess zu finden, ist es sinnvoll, den betroffenen Prozess gemeinsam mit den Domänenexperten im Detail zu erarbeiten. Dazu eignen sich je nach Prozesstyp die gängigen Formen der Prozessdarstellung wie Flussdiagramme nach BPMN (Business Process Model and Notation) oder eine Makigami-Analyse. Der Begriff Makigami stammt aus dem Japanischen und bedeutet so viel wie gerolltes (Maki) Papier (Kami), da bei dieser Methode der betrachtete Prozess auf einer Papierrolle visualisiert wird. Durch die gemeinsame Erarbeitung wird im Team ein ganzheitliches Verständnis für den Prozess geschaffen, während im Tagesgeschäft oftmals nur ein Teil des Prozesses gesehen wird. Dieses umfassende Verständnis bildet den Trigger für neue vielversprechende Use-Case-Ideen.

Wie geht man vor?

1. **Prozess festlegen:** Die Vorgehensweise besteht darin, dass zunächst der Prozess abgegrenzt wird, falls das nicht bereits beispielsweise mit LIPOK durchgeführt wurde.
2. **Abteilungen festlegen und Prozessschritte eintragen:** Danach werden die beteiligten Personen oder Abteilungen des Prozesses aufgelistet. Darauf basierend wird der sequenzielle Prozessfluss mit den beteiligten Prozessschritten erarbeitet, und es werden die Schnittstellen in Form von Verbindungspfeilen eingezeichnet. Hier kann man verschiedene Farben wählen, beispielsweise rot/grün für kritische bzw. unkritische Schnittstellen.
3. **Benötigte Datenschnittstellen ermitteln:** Ein wesentlicher Schritt der Makigami-Analyse besteht darin, die benötigten IT-Systeme aufzulisten, um einen Hinweis über die Systembrüche in dem Prozess zu bekommen, die oftmals Möglichkeiten zur Optimierung und Automatisierung des Prozesses aufzeigen.
4. **Wichtige Entscheidungen auflisten:** Zur Identifikation von möglichen datengetriebenen Use Cases hat sich eine Erweiterung der klassischen Makigami-Analyse bewährt. Beispielsweise lohnt es sich, alle wichtigen Entscheidungen, die im Prozess getroffen werden, systematisch aufzulisten. Darauf basierend kann man die Frage stellen, ob diese mithilfe von Machine Learning oder KI-Lösungen unterstützt werden können.
5. **Use Cases zur Verbesserung sammeln:** Danach kommt der wichtigste Schritt, der einen eigenen Workshop verdient. Es wird die Frage nach Verbesserungsideen gestellt. Hier kann es sinnvoll sein, vorher noch einen Impuls über die Möglichkeiten von Machine Learning zu geben. Die Verbesserungsideen werden schließlich den einzelnen Prozessschritten zugeordnet.

Makigami

Vorgehensweise

1. Prozess festlegen
2. Abteilungen festlegen und Prozessschritte eintragen
3. Benötigte Datenschnittstellen ermitteln
4. Wichtige Entscheidungen auflisten
5. Use Cases zur Verbesserung sammeln

Finanzprüfbericht erstellen

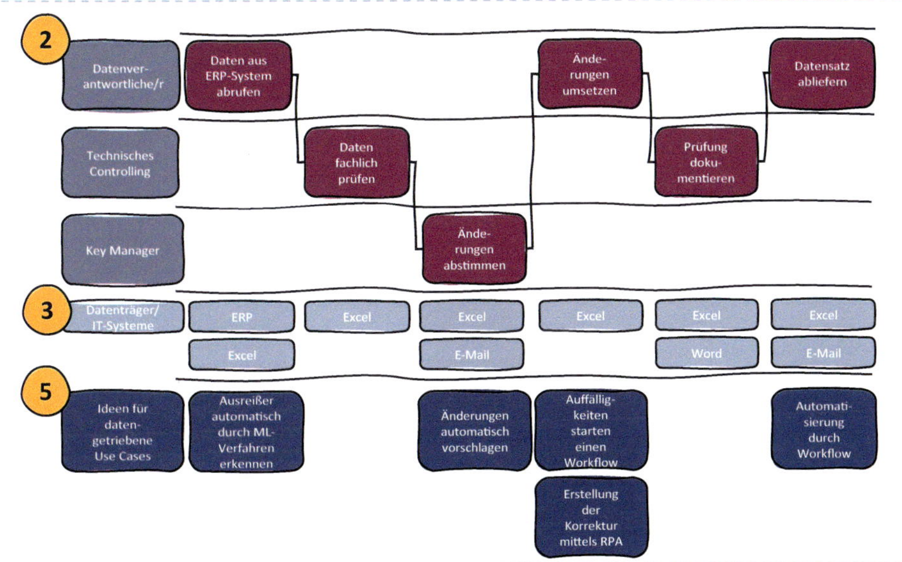

Das Beispiel zeigt einen Prozess im Finanzsektor, in dem basierend auf der Prüfung von Finanzdaten ein automatischer Bericht erstellt wird. Die Makigami-Analyse zeigt die am Prozess beteiligten Personen und die Aktivitäten von der Datenbereitstellung aus dem ERP-System bis hin zum Abliefern des Datensatzes an die Empfänger. Ebenso sind die für den Prozess notwendigen IT-Systeme identifiziert worden. Im Zuge dieser Analyse wurden bereits erste Ideen für Data Science Use Cases generiert. Beispielsweise die automatische Erkennung von Ausreißern in den verwendeten Daten mittels Machine Learning.

Nutzen

Durch die gemeinsame Erarbeitung des Prozesses und das Lernen voneinander werden die Voraussetzungen geschaffen, völlig neue interessante datengetriebene Use-Case-Ideen zu generieren, die echten Nutzen liefern.

Praxistipp

Der wichtigste Schritt besteht darin, Use Cases zu generieren. Somit hat sich eine Aufteilung auf zwei Workshops bewährt, wobei der zweite Workshop sich auf das Finden von Use-Case-Ideen fokussiert. Damit steht dafür ausreichend Zeit zur Verfügung.

4.4 Produkt- und serviceorientierte Use Cases finden

Worum geht es?

Innovative Ideen können sich auch auf interessante neue datengetriebene Produkte und Services für interne und extern Kunden beziehen. Eine sehr nützliche Technik, um kreativ diesbezügliche Ideen zu entwickeln, ist das Value Proposition Canvas, welches ein zentrales Element im sehr bekannten Business Model Canvas ist, das von Alexander Osterwalder entwickelt wurde. Es wird typischerweise dafür verwendet, das zentrale Versprechen an den Kunden abzuleiten. Auf der rechten Seite betrachtet man den Kunden und seine Bedürfnisse und auf der linken Seite geht man darauf ein, welche Leistungen das Kundenbedürfnis adressieren.

Wie geht man vor?

1. **Kundensegment auswählen:** Zunächst wird das Kundensegment ausgewählt, wobei es sich bewährt hat, die betroffene Kundengruppe idealtypisch in Form von Personas zu beschreiben. Personas sind fiktive, aber sehr realitätsnah beschriebene Nutzer, die stellvertretend für bestimmte Kundengruppen stehen.
2. **Kunden verstehen:** Hierzu begibt sich das Team in die Kundenperspektive und beantwortet die Fragen auf der rechten Seite des Value Proposition Canvas: Welche Jobs hat der Kunde zu erledigen? Was sind die Probleme bzw. Schmerzen der Kunden? Was gewinnt der Kunde, wenn er seine Jobs erfolgreich erledigt?
3. **Möglichkeiten von Machine Learning erläutern:** Danach werden dem Team die Grundlagen von Machine Learning, Visualisierungslösungen usw. vermittelt. In dem Kurztraining sollten weniger die theoretischen Details als vielmehr die typischen Anwendungsfälle dieser Technologien im Vordergrund stehen, um das Team hinsichtlich Ideen initial zu inspirieren.
4. **Ideen sammeln und visualisieren:** Bei der kreativen Erarbeitung von Ideen sind idealerweise potenzielle Kunden mit dabei. Nutzt man das Value Proposition Canvas, so werden die folgenden Fragen als „Trigger“ genutzt: Wie könnten wir die Probleme unserer Kunden lösen? Wie könnten wir den bisherigen Nutzen unserer Kunden erhöhen? Welche Leistungen könnten wir für unsere Kunden ableiten, damit wir einen optimalen Nutzen liefern?
5. **Ideen klären und strukturieren:** Die entstehenden Ideen werden im rechten Teil des Value Proposition Canvas direkt eingetragen und visualisiert. Danach werden die Ideen geklärt, bereinigt und strukturiert und stehen für eine weitere Bewertung zur Verfügung.

Value Proposition Canvas

Vorgehensweise

1 Kundensegment auswählen

2 Kunden verstehen

3 Möglichkeiten von Machine Learning erläutern

4 Ideen sammeln und visualisieren

5 Ideen klären und strukturieren

Intelligente Anlagenkomponente

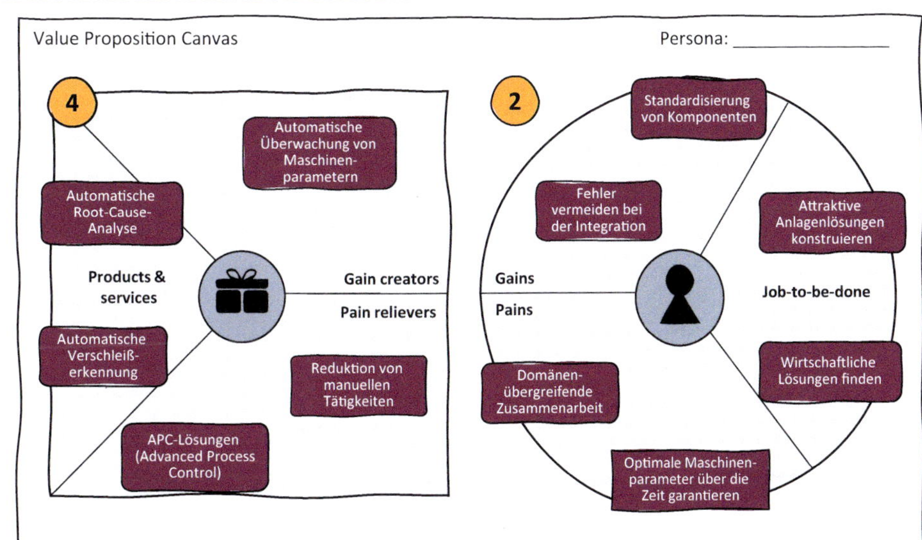

Ein Lieferant für Anlagenkomponenten möchte datenbasierte Produkte und Services anbieten. Seine Kunden sind Anlagenhersteller. Für den Kunden ist es sehr wichtig, dass die optimalen Maschinenparameter über die gesamte Lebensdauer der Anlage im Einsatz garantiert sind. Daraus wurde die Idee abgeleitet, für den Kunden APC-Lösungen (Advanced Process Control) zu entwickeln, die dieser wiederum bei seinen Kunden einsetzen kann. Bestimmte Maschinenparameter in der Komponente werden überwacht, und bei Abweichungen werden sofort entsprechende Abhilfemaßnahmen vorgeschlagen.

Nutzen

Durch die systematische Arbeit mit dem Value Proposition Canvas wird sichergestellt, dass die Lösungsideen aus der Kundensicht kommend abgeleitet werden und damit einen echten Mehrwert liefern.

Praxistipp

Es hat sich bewährt, die entsprechende Kundengruppe in Form von Personas zu beschreiben, damit die Ableitung der kundenbezogenen Aussagen treffsicherer und präziser erfolgt. Wenn möglich, sollten Kunden einbezogen werden.

4.5 Use-Case-Ideen priorisieren

Worum geht es?

Bei einer großen Anzahl von Use-Case-Ideen empfiehlt es sich, eine entsprechende Vorauswahl zu treffen. Oftmals können einige Ideen schon vorab aussortiert werden, weil sie bestimmte Ausschlusskriterien verletzen. Danach können klassische Priorisierungsmethoden wie eine Punktbewertung verwendet, aber auch Techniken aus der agilen Entwicklung wie ein Priorisierungspoker eingesetzt werden. Dieser basiert auf der Delphi-Methode, die in systematischer Art und Weise in mehrere Runden Experten miteinbezieht, um Prognosen zu erarbeiten. Diese Methode fördert somit den strukturierten Austausch und den Diskussionsprozess und schafft Akzeptanz für das Ergebnis. Verwendet wird ein Kartendeck mit unterschiedlichen Punkten. Jeder Karte werden unterschiedliche Punkte zugeordnet: typischerweise 0, 1, 2, 3, 5, 8, 13, 21.

Wie geht man vor?

1. **Zu bewertende Use Cases erläutern:** Zunächst ist sicherzustellen, dass die zu bewertenden Use-Case-Ideen ausreichend verstanden werden. Insbesondere Use Cases im Bereich künstlicher Intelligenz und Machine Learning können hinsichtlich Idee und Technologie sehr anspruchsvoll sein und brauchen ein entsprechendes Domänen- und Technologiewissen im Team.
2. **Bewertungskriterien erläutern und Karten austeilen:** Danach werden die Priorisierungskriterien erläutert, beispielsweise hohe Machbarkeit und hoher Nutzen. Dann werden die erwähnten Pokerkarten ausgeteilt, wobei hier einfache Karten mit Zahlen oder Spielgeld auch ausreichen.
3. **Erste Runde der Bewertung durchführen:** Nun schätzt jedes Teammitglied für sich die Priorität des Use Cases ab, wobei 0 für die niedrigste und 21 für die höchste Bedeutung steht. Auf ein gemeinsames Zeichen werden die Karten aufgedeckt und die Unterschiede diskutiert, wobei insbesondere die Personen mit der niedrigsten und höchsten Bewertung ihre Gedanken und Überlegungen mit den anderen teilen.
4. **Zweite Runde der Bewertung durchführen:** Danach folgt eine zweite Runde der individuellen Priorisierung und das Vorgehen wird typischerweise so lange wiederholt, bis alle aufgedeckten Karten auf drei direkt benachbarten Zahlen liegen. Dann wird der Mittelwert berechnet, der als Priorisierungszahl für die jeweilige Use-Case-Idee gilt.
5. **Alle Ideen bewerten und Rangfolge bilden:** Diese Schritte werden für alle Use-Case-Ideen wiederholt, und danach wird eine Rangfolge der Ideen gebildet bzw. es können die Ideen festgelegt werden, die in weiterer Folge einer detaillierteren Nutzenbetrachtung unterzogen werden sollen.

Priorisierungspoker

Vorgehensweise

1. Zu bewertende Use Cases erläutern
2. Bewertungskriterien erläutern und Karten austeilen
3. Erste Runde der Bewertung durchführen
4. Zweite Runde der Bewertung durchführen
5. Alle Ideen bewerten und Rangfolge bilden

Workshop Priorisierungspoker

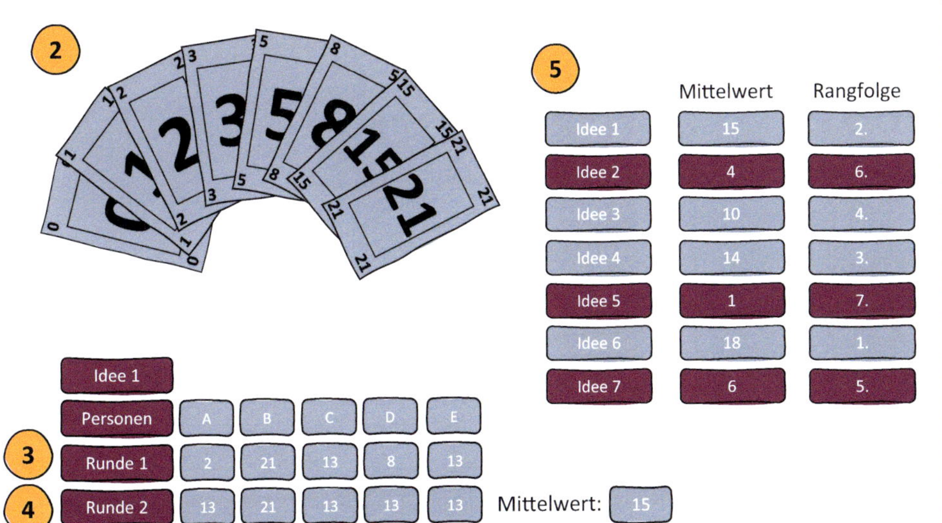

Sieben Use-Case-Ideen werden von fünf Personen bewertet. Man sieht bei der ersten Use-Case-Idee, dass zu Beginn die Meinungen über die Priorisierung sehr weit auseinander liegen. Nach einer erneuten Diskussion werden die Personen mit den niedrigsten und höchsten Bewertungen gebeten, ihre Gründe darzulegen. Durch diese Diskussion wird das Verständnis für die Idee geschärft und der Nutzen besser erkannt, worauf bei der nächsten Runde der vorliegende Use Case einheitlich deutlich höher bewertet wird. Insgesamt kommt der erste Use Case auf Platz zwei in der Priorisierung und drei Ideen werden ausgeschlossen.

Nutzen

Der Priorisierungspoker fördert den strukturierten Austausch zwischen verschiedenen Personen und bringt in systematischer Art und Weise Gründe für Uneinigkeiten ans Licht. Die Akzeptanz für die Priorisierung ist in der Regel sehr hoch.

Praxistipp

Die Anzahl der Personen sollte typischerweise den Wert sieben nicht überschreiten, weil ansonsten die Diskussionen langwierig sein können. Die Anzahl der Ideen sollte den Wert zehn nicht überschreiten.

4.6 Use Cases aus Kundensicht detaillierter beschreiben

Worum geht es?

Nachdem Ideen für Use Cases generiert und priorisiert wurden, lohnt es sich oftmals, die Ideen vor der endgültigen Auswahl noch detaillierter zu beschreiben. Dadurch werden redundante Vorschläge erkannt, ähnliche Ideen können zusammengefasst und umformuliert werden, Unklarheiten werden beseitigt, und der Ideengeber hat die Möglichkeit, anderen Teammitgliedern seine Gedanken zu erläutern. Oftmals entstehen dadurch wiederum neue Ideen.

Es gibt viele Techniken, um einen Use Case in strukturierter Form zu beschreiben. Eine Möglichkeit ist die sogenannte Question-Zero-Tabelle. Dabei sind einfache Fragen zu beantworten, um die grundsätzliche Idee und den Nutzen des Use Cases zu präzisieren.

Wie geht man vor?

1. **Funktionalität ausarbeiten:** Zunächst wird die Idee ausgewählt und kurz im Team vorgestellt. Zu Beginn steht die Frage nach dem Feature, d. h. die Frage nach der innovativen und revolutionären Funktionalität im Kern des Use Cases.

2. **Nutzen beschreiben:** Danach wird das Team gebeten, den daraus resultierenden Nutzen, d. h. die Wirkung zu beschreiben: Was ist der Vorteil, der aus der neuen Funktionalität resultiert? Hier wird das Team motiviert, die Business-Perspektive einzunehmen. Dies ist sehr wichtig, u. a. um später auch die entsprechenden Sponsoren zu überzeugen.

3. **Kontext und Kunden beschreiben:** Um in weiterer Folge den Use Case aus Sicht des Anwenders zu beschreiben, sind die Fragen zum Kontext des Use Cases zu beantworten, d. h. wo und in welchem Zusammenhang bzw. in welcher Umgebung wird die neue Funktionalität genutzt und für wen wird die Lösung zur Verfügung gestellt?

4. **Unterschied zum Status quo erklären:** Die Frage nach dem Status quo beschreibt die aktuelle Ist-Situation und was sich für die Anwendung ändern wird. Hier bekommt man einen ersten Einblick über den Änderungsumfang und damit den Schwierigkeitsgrad der Lösung, beispielsweise: Inwieweit müssen sich die Anwender von bisherigen Vorgehensmodellen verabschieden und für die neue Lösung begeistert werden?

5. **Technologie beschreiben:** Grob ist zu beschreiben, mittels welcher Methoden und Technologien der Use Case realisiert werden kann. Hilfreich ist die Zuordnung der Aufgabe zu einem der beschriebenen sieben Anwendungsfälle des Machine Learning. Die Antwort gibt erste Hinweise bezüglich der technischen Machbarkeit.

Question-Zero-Tabelle

Vorgehensweise

1. Funktionalität ausarbeiten
2. Nutzen beschreiben
3. Kontext und Kunden beschreiben
4. Unterschied zum Status quo erklären
5. Technologie beschreiben

Wärmebehandlung Prüfbericht

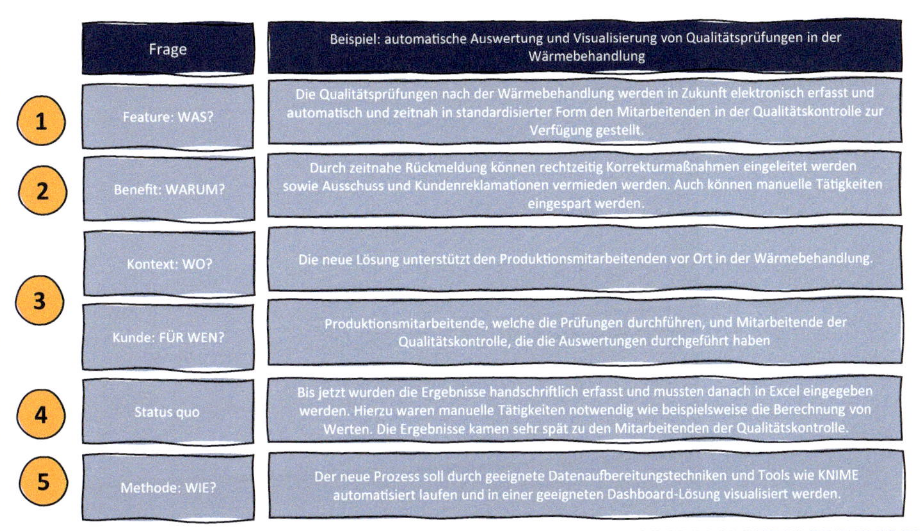

	Frage	Beispiel: automatische Auswertung und Visualisierung von Qualitätsprüfungen in der Wärmebehandlung
1	Feature: WAS?	Die Qualitätsprüfungen nach der Wärmebehandlung werden in Zukunft elektronisch erfasst und automatisch und zeitnah in standardisierter Form den Mitarbeitenden in der Qualitätskontrolle zur Verfügung gestellt.
2	Benefit: WARUM?	Durch zeitnahe Rückmeldung können rechtzeitig Korrekturmaßnahmen eingeleitet werden sowie Ausschuss und Kundenreklamationen vermieden werden. Auch können manuelle Tätigkeiten eingespart werden.
3	Kontext: WO?	Die neue Lösung unterstützt den Produktionsmitarbeitenden vor Ort in der Wärmebehandlung.
	Kunde: FÜR WEN?	Produktionsmitarbeitende, welche die Prüfungen durchführen, und Mitarbeitende der Qualitätskontrolle, die die Auswertungen durchgeführt haben
4	Status quo	Bis jetzt wurden die Ergebnisse handschriftlich erfasst und mussten danach in Excel eingegeben werden. Hierzu waren manuelle Tätigkeiten notwendig wie beispielsweise die Berechnung von Werten. Die Ergebnisse kamen sehr spät zu den Mitarbeitenden der Qualitätskontrolle.
5	Methode: WIE?	Der neue Prozess soll durch geeignete Datenaufbereitungstechniken und Tools wie KNIME automatisiert laufen und in einer geeigneten Dashboard-Lösung visualisiert werden.

Die Question-Zero-Tabelle präzisiert die Use-Case-Idee zu einem Prüfbericht. Von der Idee erwartet man sich ein zeitnahes Eingreifen bei Störungen im Prozess und die Vermeidung von Ausschuss und Kundenreklamationen. Mit der Lösung müssen sowohl die Produktionsmitarbeitenden als auch die Mitarbeitenden in der Qualitätskontrolle einverstanden sein. Als spätere User sind sie beide in das Projekt einzubinden. Von der Technologieseite bieten sich Dashboard-Lösungen an, die im Unternehmen bereits eingesetzt werden. Dies gibt erste Hinweise darauf, dass die Machbarkeit hoch sein müsste.

Nutzen

Durch die Fragen wird der Nutzen des Use Case herausgearbeitet. Nutzen einerseits für den Anwender, aber auch andererseits für das Unternehmen. Dies bildet die Basis für die spätere Business-Case-Berechnung.

Praxistipp

Wichtig ist, dass alle relevanten Personen mit an Bord sind, weil nur gemeinsam die Fragen beantwortet werden können. Zur Beantwortung des Nutzens braucht es Domänenwissen bei der Frage nach der Methode und Technologiewissen.

4.7 Business Case beschreiben

Worum geht es?

Der Business Case beschreibt den Nutzen aus Sicht der Stakeholder und beinhaltet üblicherweise eine Wirtschaftlichkeitsberechnung, indem der Nutzen dem Aufwand gegenübergestellt wird. Hier finden die klassischen Verfahren der Investitionsrechnung Anwendung wie beispielsweise die Amortisationsdauer oder Kapitalwertmethode. Die richtige Berechnung von Investitionen sollte in Unternehmen bekannt sein und daher keine Herausforderung für Controller darstellen. Wichtiger in diesem Zusammenhang ist, dass man die Aufgabe ernst nimmt und sich im Team die entsprechende Zeit nimmt, um die zu erwartenden Kosten und den Nutzen im Zeitablauf möglichst umfassend und genau abzuschätzen. Die Abschätzung der Kosten und Nutzen in monetärer Hinsicht hilft dem Team, die Idee später aus der Business-Sicht möglichst objektiv zu bewerten. So kann vermieden werden, dass Ideen nur aufgrund der interessanten Aufgabe und der technologischen Herausforderung ausgewählt werden.

Wie geht man vor?

1. **Nutzen beschreiben:** Zunächst ist der Nutzen des Use Cases qualitativ zu beschreiben. Erst danach stellt man sich die Frage, wie und ob der Nutzen auch quantitativ monetär bewertet werden kann. Aspekte wie beispielsweise Erhöhung der Kundenzufriedenheit, Stärkung des Images am Markt sind wichtige Nutzenaspekte, die aufgelistet werden müssen, auch wenn sie oftmals nicht mit genauen Zahlen abgeschätzt werden können.
2. **Business-Ziele ableiten:** Darauf basierend sind die Business-Ziele zu präzisieren, wobei bei der Zielfestlegung darauf Wert zu legen ist, dass die SMART-Regeln eingehalten werden: Das Ziel sollte spezifisch, messbar formuliert, attraktiv, realistisch und terminiert sein.
3. **Nutzen und Kosten monetär bewerten:** Danach wird der Nutzen, der bei Zielerreichung erzielt werden kann, monetär berechnet bzw. abgeschätzt. Demgegenüber werden die Kosten der Lösung gestellt, wobei hier die Lebenszykluskosten zu berücksichtigen sind. Wird beispielsweise ein Machine-Learning-Modell eingeführt, so müssen auch die regelmäßigen Kosten für Wartung, Aktualisierung kalkuliert werden.
4. **Amortisationsdauer berechnen:** Danach kann man mit entsprechenden Verfahren der Investitionsrechnung, dem Vorhaben angemessen, die Wirtschaftlichkeit abschätzen. In vielen Fällen wird die Berechnung der Amortisationsdauer ausreichend sein: Dies ist die Zeit, die benötigt wird, um die Investition in den Use Case (Training, Produktivsetzung und laufende Wartung der Lösung) durch den Nutzen zu decken.

Amortisationsdauer

Vorgehensweise

1. Nutzen beschreiben
2. Business-Ziele ableiten
3. Nutzen und Kosten monetär bewerten
4. Amortisationsdauer berechnen

Reklamationsabwicklung

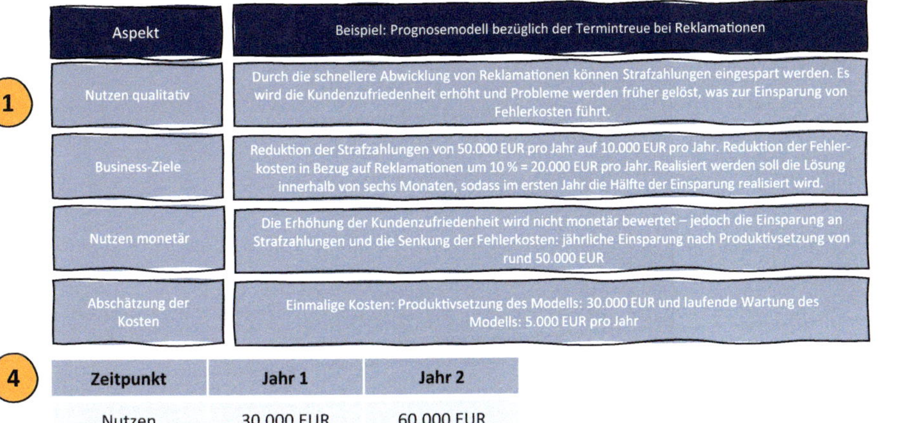

Aspekt	Beispiel: Prognosemodell bezüglich der Termintreue bei Reklamationen
Nutzen qualitativ	Durch die schnellere Abwicklung von Reklamationen können Strafzahlungen eingespart werden. Es wird die Kundenzufriedenheit erhöht und Probleme werden früher gelöst, was zur Einsparung von Fehlerkosten führt.
Business-Ziele	Reduktion der Strafzahlungen von 50.000 EUR pro Jahr auf 10.000 EUR pro Jahr. Reduktion der Fehlerkosten in Bezug auf Reklamationen um 10 % = 20.000 EUR pro Jahr. Realisiert werden soll die Lösung innerhalb von sechs Monaten, sodass im ersten Jahr die Hälfte der Einsparung realisiert wird.
Nutzen monetär	Die Erhöhung der Kundenzufriedenheit wird nicht monetär bewertet – jedoch die Einsparung an Strafzahlungen und die Senkung der Fehlerkosten: jährliche Einsparung nach Produktivsetzung von rund 50.000 EUR
Abschätzung der Kosten	Einmalige Kosten: Produktivsetzung des Modells: 30.000 EUR und laufende Wartung des Modells: 5.000 EUR pro Jahr

Zeitpunkt	Jahr 1	Jahr 2
Nutzen	30.000 EUR	60.000 EUR
Kosten	35.000 EUR	10.000 EUR
Jährliche Einsparung	–5.000 EUR	50.000 EUR

Ein Automobilzulieferer hat Vorgaben bezüglich der Abarbeitung von Kundenreklamationen, wobei die Überschreitung von Fristen aufgrund entsprechender Strafzahlungen teuer ist. Es wird ein Prognosemodell entwickelt, welches bei neuen Reklamationen prognostiziert, ob es zu einer Überschreitung kommen wird, um darauf basierend geeignete Abhilfemaßnahmen abzuleiten. Der Nutzen besteht darin, dass Strafzahlungen eingespart und Fehlerkosten gesenkt werden können. Demgegenüber stehen die Kosten für Training und Wartung des Modells. Bereits nach einem Jahr rechnet sich die Lösung.

Nutzen

Die Abschätzung von Kosten und Nutzen hilft dem Team, die Idee später aus der Business-Sicht möglichst objektiv zu bewerten. Es kann vermieden werden, dass Ideen nur deshalb ausgewählt werden, weil sie technologisch interessant sind.

Praxistipp

Nicht alle Nutzenpotenziale können monetär bewertet werden. Es sind die Kosten des gesamten Lebenszyklus zu berücksichtigen.

4.8 Use Cases final bewerten und auswählen

Worum geht es?

Nachdem Aufwand und Nutzen der Use Cases erarbeitet wurden, sind die Ideen systematisch mithilfe von definierten Kriterien zu bewerten, um eine endgültige Auswahl zu treffen. Die analytische Bewertung anhand von Kriterien hat den Vorteil, dass sie genauer ist als die intuitive Vorgehensweise, die bei der Vorauswahl von Ideen beschrieben wurde. Zusätzlich wird das Ergebnis sehr anschaulich aufbereitet und somit nachvollziehbar. Sehr häufig verwendet man eine Entscheidungsmatrix (Entscheidungstabelle) oder ein Entscheidungsportfolio.

Wie geht man vor?

1. Kriterien definieren und gewichten: Zunächst werden die entsprechenden Kriterien für die Bewertung definiert, wobei typischerweise Kriterien wie technische Machbarkeit, Nutzen und Fristigkeit zum Einsatz kommen. Optional kann auch eine Gewichtung der Kriterien vorgenommen werden.

2. Methode festlegen: Je nach Anzahl der Kriterien und Erfahrung des Teams mit den Methoden wird eine entsprechende analytische Bewertungsmethode ausgewählt. Bei einer Entscheidungstabelle werden in den Zeilen die verschiedenen Kriterien samt Gewichtung aufgelistet, und die einzelnen Spalten beinhalten die Ideen mit dem Erfüllungsgrad. Die Anwendung ist bezüglich der Anzahl der Kriterien nahezu unbegrenzt. Das Entscheidungsportfolio kann demgegenüber bei maximal drei Kriterien angewandt werden.

3. Ideen diskutieren und einstufen: Im Team wird der Erfüllungsgrad der Ideen bezüglich der Kriterien abgeschätzt, wobei auf eine fundierte und tiefgehende inhaltliche Diskussion zu achten ist. Durch die Anwendung einer Entscheidungsmatrix ist eine absolute Objektivität keinesfalls garantiert. Es gibt eine Vielzahl von Möglichkeiten, das Ergebnis bewusst in eine Richtung zu lenken, beispielsweise durch die Gewichtung von Kriterien oder durch die Aufnahme von zusätzlichen Kriterien, die einer bestimmten Idee dienen. Dennoch sind Entscheidungsmatrizen sehr wertvoll, weil sie dokumentieren, warum das Team zu der Entscheidung gekommen ist und der Entscheidungsprozess systematisch durchgeführt wird.

4. Ergebnis diskutieren und Plausibilität prüfen: Nachdem man sich im Team auf die einzelnen Bewertungen geeinigt hat, ist es wichtig, dass in einem eigenen Workshop die Ergebnisse nochmals im Team diskutiert und plausibilisiert werden und erst danach die endgültige Auswahl getroffen wird. Diese muss inhaltlich begründet und dokumentiert werden.

Entscheidungstabelle, Entscheidungsportfolio

Vorgehensweise

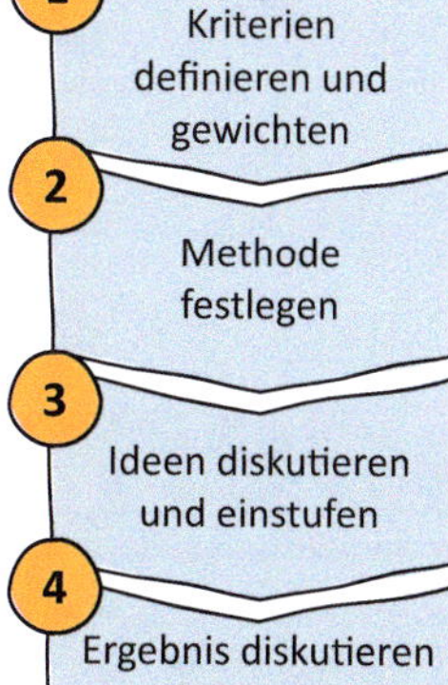

Digitalisierung der Fertigungslinie

		Use Case 1: Automatisches Gegensteuern		Use Case 2: Ausreißer-erkennung		Use Case 3: Verringerung Pseudofehler	
Kriterien	Gewichtung	Wertung	Gesamt	Wertung	Gesamt	Wertung	Gesamt
Nutzen	4	10	**40**	5	**20**	2	**8**
Komplexität	2	5	**10**	5	**10**	8	**16**
Kritikalität	2	5	**10**	6	**12**	8	**16**
Strategiefit	3	10	**30**	10	**30**	10	**30**
Summe			**90**		**72**		**70**

Drei Use Cases werden gemeinsam im Team einer detaillierteren Analyse unterzogen. Am vielversprechendsten wird der Use Case 1 eingestuft: Er erreicht die höchste Punktezahl in der Bewertungstabelle. Zusätzlich wird auch das Entscheidungsportfolio erarbeitet: Use Case 1 hat den höchsten Nutzen und liegt hinsichtlich Machbarkeit an zweiter Stelle. Die Verringerung der Pseudofehler beispielsweise wird zwar von der Machbarkeit sehr positiv bewertet, der Nutzen ist aber sehr gering. Use Case 2 hat einen geringeren Nutzen und eine geringere Erfolgswahrscheinlichkeit. Die Entscheidung fällt auf Use Case 1.

Nutzen

Die empfohlenen Bewertungsmethoden zwingen zur analytischen Bewertung anhand von Kriterien und sind somit genauer als intuitive Bewertungsmethoden. Außerdem ist das Ergebnis sehr anschaulich aufbereitet und nachvollziehbar.

Praxistipp

Nachdem es viele Möglichkeiten gibt, das Ergebnis bewusst in eine Richtung zu lenken, lohnt es sich, das Ergebnis am Ende zu diskutieren und die Entscheidung zu dokumentieren.

05

Business-Ziele ableiten und Projekt planen

Der Umfang in dieser Phase hängt davon ab, wieviel Zeit für den Use Case bereits in der vorigen Phase im Auswahlprozess investiert wurde. Es ist aber davon auszugehen, dass unabhängig davon zumindest eine erste Use-Case- und Business-Case-Beschreibung vorliegt.

Darauf basierend ergeben sich die folgenden Schritte in dieser Phase:

- Agile Projektorganisation aufsetzen
- Use Case im Ablauf detailliert beschreiben
- Wirkende Parameter erkennen
- Business-Ziele präzisieren und technische Ziele ableiten
- Projektplan erstellen

Wie bereits erwähnt, ist eine iterative und inkrementelle Vorgehensweise erfolgsentscheidend, d. h. eine agile Projektorganisation ist absolut zu empfehlen. Hier ist zu klären, wie die Rollen im agilen Projektmanagement für den konkreten Fall ausgestaltet werden und wie agile Artefakte wie Produkt-Backlog, Sprint-Backlog und Produktinkrement genutzt werden sollen. Auch sind die konkreten Meetings (z. B. Reviews) festzulegen.

Danach kann man beginnen, den Use Case noch stärker im Detail zu beschreiben, beispielsweise indem der Ablauf der konkreten Anwendung durch den User beschrieben wird.

Bewährt hat sich, dass bei Machine-Learning-Lösungen die notwendigen Eingangs- und Ausgangsdaten grob skizziert werden, um einen ersten Einblick über die notwendigen Daten und deren Verfügbarkeit zu bekommen. Dies gibt nicht nur erste Hinweise auf den Schwierigkeitsgrad der Lösung, es erlaubt auch einen Einblick dahingehend, wieviel Zeit in das Thema Datenerhebung und Datenaufbereitung zu investieren ist.

Schließlich besteht die Aufgabe darin, Ziele aus Business-Sicht und technischer Sicht abzuleiten, also klare Kriterien zu definieren, die dann später zur Evaluierung der Lösung herangezogen werden.

Als letzten Schritt kann dann ein vorläufiger Projektplan abgeleitet werden, der je nach Fortschritt iterativ anzupassen ist.

5.1 Agile Projektorganisation aufsetzen

Worum geht es?

Agiles Projektmanagement ist eine Strategie zur Bewältigung der Komplexität, die bei Data Science Use Cases so gut wie immer auftritt. Komplexität zeichnet sich dadurch aus, dass die Richtigkeit von Entscheidungen erst im Nachhinein ermittelt werden kann. Im Komplexen müssen Produkte mit verwendbaren Funktionen schnell verfügbar sein. Dabei ist es wichtig, in iterativen und inkrementellen Schritten vorzugehen. Das bekannteste agile Projektmanagement-Framework hierzu ist Scrum.

Wie geht man vor?

1. **Schulung und Managementunterstützung sichern:** Um die Menschen ins Boot zu holen, sind entsprechende Schulungen und Kommunikationsmaßnahmen zum Thema agiles Projektmanagement umzusetzen. Der Sinn der agilen Vorgehensweise muss verstanden werden, insbesondere im Management.

2. **Team bilden:** Ein entscheidender Schritt ist die Bildung des Teams. Machine-Learning- und KI-Projekte können nur dann erfolgreich sein, wenn die unterschiedlichen Disziplinen gut zusammenarbeiten.

3. **Rollen und Verantwortlichkeiten definieren:** Bei Scrum z. B. gibt es neben dem Expertenteam noch die Rollen des Product Owner und des Scrum Master. Der Product Owner ist verantwortlich für den Inhalt und die Priorisierung der Produktfunktionen und der Scrum Master unterstützt das Team bei der Arbeit am Produkt und räumt Hindernisse aus dem Weg.

4. **Produkt-Backlog befüllen:** Das Produkt-Backlog ist eine sortierte Liste aller Funktionen (User Stories), die in dem zu entwickelnden Use Case umzusetzen sind. Das Sprint-Backlog besteht aus den Elementen des Produkt-Backlogs, die für die aktuelle Iteration ausgewählt wurden, und diese sind bereits konkreter formuliert. Ein Sprint ist ein Arbeitsabschnitt, eine Iteration in Scrum, in dem ein Inkrement einer Produktfunktionalität (Produktinkrement) umgesetzt wird.

5. **Erste Iteration mit Sprint-Planung starten:** Die Iterationen folgen immer einem festen Schema von Meetings (bei Scrum z. B. Planning, Daily Scrum, Review, Retrospektive). Am Ende der Iteration übergibt das Team die Ergebnisse an die relevanten Stakeholder, also insbesondere an die Domänenexperten. Das Feedback von den Stakeholdern wird im Rahmen des Sprint Review eingeholt.

6. **Retrospektiven planen:** In der Retrospektive schließlich geht es um das Zusammenspiel zwischen einzelnen Teammitgliedern und um organisatorische Themen, welche gut und welche weniger gut funktioniert haben. Die Retrospektive soll auch den Raum für offenes Feedback im Team bieten, um Frust zu vermeiden und Missverständnisse zu beseitigen.

Scrum

Vorgehensweise

1. Schulung und Managementunterstützung sichern
2. Team bilden
3. Rollen und Verantwortlichkeiten definieren
4. Produkt-Backlog befüllen
5. Erste Iteration mit Sprint-Planung starten
6. Retrospektiven planen

Entwicklung einer Predictive-Maintenance-Lösung

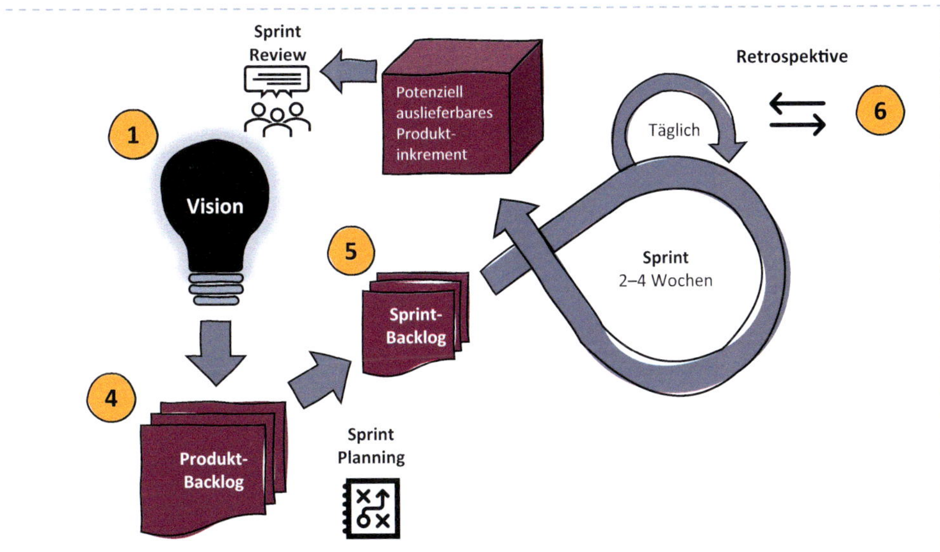

Zur Realisierung einer Predictive-Maintenance-Lösung wurden zunächst die Schritte 1 bis 4 im Sprint 0 durchgeführt: Das Scrum-Team aus Product Owner, Scrum Master und Entwicklern wurde gebildet und trainiert und damit ein klares Verständnis der Rollen hergestellt. Im Sprint 1 besteht die Aufgabe des Teams darin, mit den bestehenden Daten einen groben Prototyp zu entwickeln, um eine erste schnelle Evaluierung der Möglichkeiten durchzuführen, daraus zu lernen und weitere Aktivitäten ableiten zu können. Im Sinne einer iterativen Vorgehensweise wird zunächst bewusst darauf verzichtet, wochenlang zusätzliche Daten zu erheben.

Nutzen

Im Komplexen kann die Richtigkeit von Entscheidungen erst im Nachhinein ermittelt werden, daher muss möglichst schnell gelernt werden. Dafür ist es hilfreich, wenn möglichst schnell Produkte mit Funktionen verfügbar sind.

Praxistipp

Agile Arbeitsweise bedeutet eine Änderung der Einstellung. Deshalb sind Ausbildung der beteiligten Personen sowie Commitment des Managements äußerst wichtig. Retrospektiven dienen zusätzlich der kontinuierlichen Verbesserung der Arbeitsabläufe.

5.2 Use Case im Ablauf detailliert beschreiben

Worum geht es?

Sehr oft bestehen datengetriebene Use Cases aus Prognosemodellen, die in einer bestimmten Folge von Aktivitäten von den Anwendern oder über benachbarte Systeme genutzt werden. Durch die Beschreibung dieses Ablaufes wird das Team gezwungen, den Use Case im Detail zu erläutern, und Missverständnisse können schon zu Beginn ausgeräumt werden. Es entsteht im gesamten Team ein präzises Verständnis der Funktionalitäten des zu entwickelnden datenbasierten Use Cases. Die Business Process Model and Notation (BPMN) stellt einen Standard zur Darstellung von Abläufen zur Verfügung. Durch die visuelle Darstellung unter Anwendung definierter Symbole und Regeln wird sichergestellt, dass der datenbasierte Use Case richtig abgebildet wird und die einheitliche Interpretierbarkeit gegeben ist.

Wie geht man vor?

1. **Swim Lanes definieren:** Für die Darstellung von Prozessen nach BPMN 2.0 werden sogenannte Swim Lanes genutzt. Eine Lane repräsentiert hierbei verschiedene Abteilungen, Personen oder Systeme, also die Prozessteilnehmer. Diese sind im ersten Schritt zu identifizieren.

2. **Aktivitäten erarbeiten:** Aktivitäten sind diejenigen Tätigkeiten, die im Rahmen des Use Cases sequenziell ausgeführt werden, um das Ziel zu erreichen. Wichtig ist, dass diese Aktivitäten immer aus einem Verb und einem Objekt bestehen, zum Beispiel „Modell aufrufen“. Die Aktivitäten werden durch Pfeile miteinander verbunden. Das Startereignis markiert den Beginn des Ablaufes und wird durch die erste Aktivität ausgelöst. Am Ende steht ein definiertes Endereignis.

3. **Entscheidungen modellieren:** Mithilfe von sogenannten Gateways können Verzweigungen im Ablauf modelliert werden, wobei es hier verschiedene Varianten gibt. Exklusive Gateways repräsentieren den Entscheidungstyp „entweder/oder“, bei parallelen Gateways können Aktivitäten in einem Prozess gleichzeitig ausgeführt werden, und inklusive Gateways finden dann Verwendung, wenn eine oder mehrere Bedingungen möglich sind. Ereignisorientierte Gateways wiederum finden dann Verwendung, wenn bestimmte Ereignisse Aktivitäten auslösen.

4. **Alternativflüsse und Ausnahmen einfügen:** Wenn der Regelablauf im Rahmen der Anwendung des Prognosemodells erarbeitet wurde, ist es wichtig, dass sich das Team bewusst die Fragen stellt, ob es zusätzliche Sonderfälle gibt, die für das Verständnis des Use Cases wichtig und später in der Umsetzung zu berücksichtigen sind.

BPMN (Business Process Model and Notation)

Vorgehensweise

1. Swim Lanes definieren
2. Aktivitäten erarbeiten
3. Entscheidungen modellieren
4. Alternativflüsse und Ausnahmen einfügen

Smart-Home-Temperaturregelung

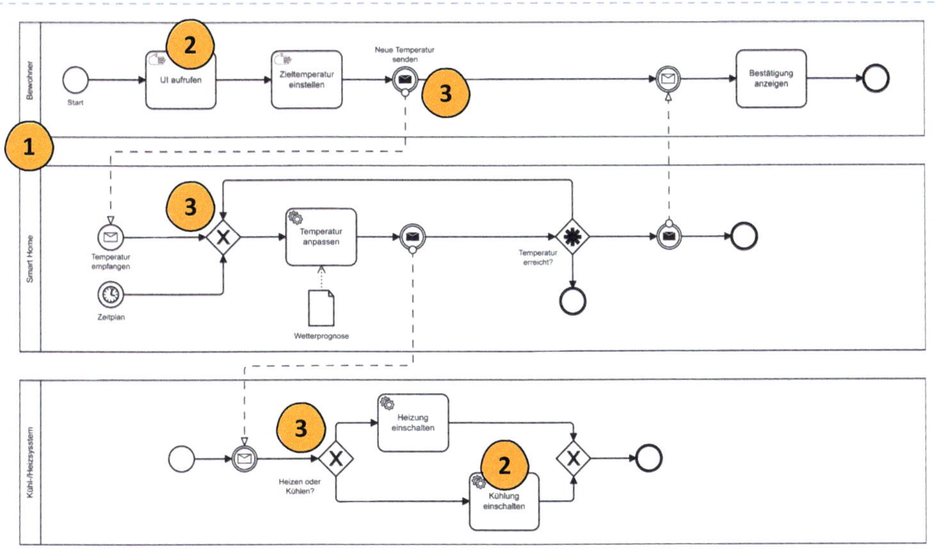

In einer Smart-Home-Lösung wird ein Prognosemodell dafür verwendet, die Temperatur zu regeln. Neben der automatischen Temperaturregelung besteht die Möglichkeit, die Raumtemperatur manuell anzupassen und die Temperatur des Prognosemodells zu überschreiben. Dieser Ablauf wurde mithilfe eines BPMN-Diagramms erarbeitet. Durch die systematische Erarbeitung wird sichergestellt, dass Alternativflüsse und Ausnahmen erkannt werden, die für das spätere Funktionieren der Lösung essenziell sind. Beispielsweise welche Fehler (z. B. Defekt an der Heizung) erkannt und wie diese angezeigt werden sollen.

Nutzen

BPMN stellt nicht nur einen Standard zur Darstellung von Prozessen dar, sondern dient auch der klaren Kommunikation von Abläufen. Durch die visuelle Darstellung mit präzisen Regeln wird der Use Case von Anfang an richtig verstanden.

Praxistipp

Die Verwendung von BPMN-Tools erleichtert die Erstellung dieser Diagramme. Zusätzlich kann bei Konkretisierung der Umsetzung immer auf die Aktivitäten Bezug genommen werden. Auch die Ausführung dieser Abläufe ist in manchen Tools direkt möglich.

5.3 Wirkende Parameter erkennen

Worum geht es?

Die Aufgabe besteht darin, das geplante Machine-Learning-Modell mit den entsprechend notwendigen Input- und Output-Daten zu beschreiben. Hier ist die Darstellung in Form eines Parameterdiagramms (P-Diagramm) sehr sinnvoll. Wichtig ist, dass die Eingangs- und Ausgangsgrößen genau beschrieben werden, beispielsweise um welche konkreten Merkmalstypen (stetig, diskret, ordinal, nominal) es sich handelt oder welche Ausprägungen bei diskreten Merkmalen zu berücksichtigen sind. Dies legt auch die Basis für die weiteren Überlegungen hinsichtlich notwendiger Daten und deren Verfügbarkeit.

Wie geht man vor?

1. Output-Daten erarbeiten: Zunächst legt man fest, welche Output-Daten erhoben werden sollen und welchem Datentyp diese zuzuordnen sind. Dies gibt bereits wertvolle Hinweise bezüglich der Machine-Learning-Aufgabe. Ist die Output-Größe beispielsweise quantitativ stetig (z. B. Alter, Gewicht), so handelt es sich um eine Regressionsaufgabe; ist die Output-Größe qualitativ nominal (z. B. Augenfarbe, Blutgruppe), so hat man es mit einer Klassifizierungsaufgabe zu tun.

2. Input-Daten erarbeiten: Danach werden die notwendigen Input-Daten erarbeitet, dies erfolgt unbedingt unter Einbezug der Domänenexperten. Und auch hier wird der Datentyp zugeordnet. Zu bevorzugen sind stetige Eingangsdaten, weil sie den größten Informationsgehalt aufweisen und damit in der Regel Machine-Learning-Modelle höhere Genauigkeiten erreichen.

3. Verfügbarkeit der Daten prüfen: Bereits hier kann das Team überprüfen, inwieweit die notwendigen Daten bereits zur Verfügung stehen. Dies liefert erste Erkenntnisse darüber, wie aufwendig die Datenerhebung sein wird.

4. Störfaktoren verstehen: Diese beeinflussen die Output-Daten, können aber aufgrund der Datenverfügbarkeit oder sollen aufgrund von Kostenüberlegungen nicht als Eingangsgrößen für das Modell dienen. Es kann vorkommen, dass das gelernte Modell nur bei der entsprechenden Ausprägung der Störfaktoren gültig ist. Ändern sich diese später im Betrieb, kann dies dazu führen, dass das Modell keine ausreichenden Ergebnisse liefert und retrainiert werden muss. Spätestens also beim Retraining ist das Wissen über Störfaktoren essenziell.

5. Umgang mit Störfaktoren festlegen: Im Idealfall ist das Modell robust gegenüber Schwankungen der Störfaktoren. Daher werden oftmals bewusst Trainingsdaten gesucht oder erzeugt, wo die Störfaktoren in einer später im Betrieb erwarteten Spannweite schwanken.

P-Diagramm

Vorgehensweise

1. Output-Daten erarbeiten
2. Input-Daten erarbeiten
3. Verfügbarkeit der Daten prüfen
4. Störfaktoren verstehen
5. Umgang mit Störfaktoren festlegen

Backprozess

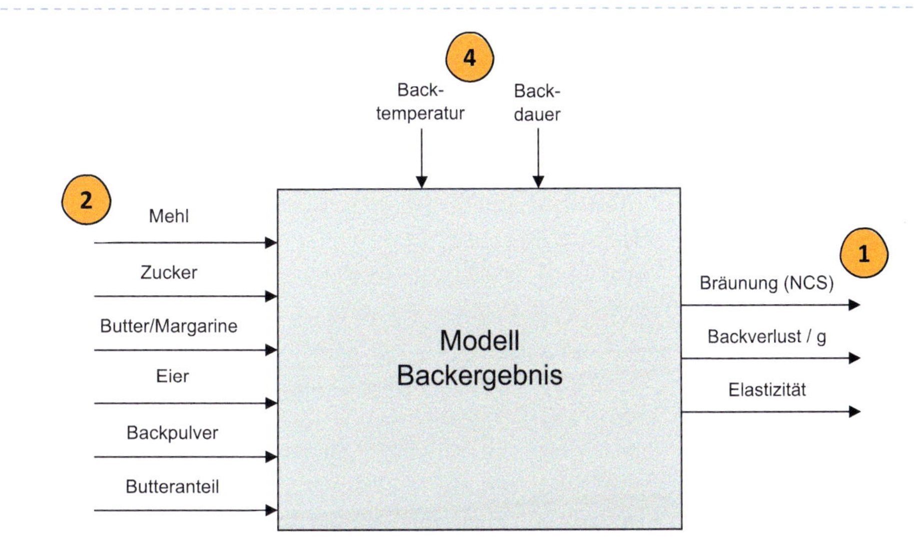

Ein Unternehmen bringt einen neuartigen Backofen auf den Markt, welcher die optimale Kombination von Backzutaten vorschlägt. Dabei sind Qualitätsmerkmale wie Bräunung und Elastizität, aber auch Wirtschaftlichkeitskriterien wie Backverlust die Kriterien. Man sieht in dem P-Diagramm, welche Eingangs- und Ausgangsgrößen zur Verfügung stehen müssen, um ein entsprechendes Modell zu trainieren. Backtemperatur und -dauer sind in dem P-Diagramm als Störgrößen eingezeichnet: Sie müssen mitdokumentiert werden. Es ist später zu ermitteln, wie empfindlich das Modell auf Schwankungen der Störgrößen reagiert.

Nutzen

Durch die Klarheit, welche Eingangs- und Ausgangsdaten für die Modellierung notwendig sind, wird das Business-Problem in eine Aufgabenstellung des Machine Learning umgewandelt.

Praxistipp

Neben den Eingangsgrößen, die in die Modellierung einfließen, gibt es auch Störgrößen, die das Ergebnis beeinflussen, aber nicht im Modell enthalten sind. Das Wissen darüber ist wichtig bei der Auswahl der Trainingsdaten und beim Thema Retraining.

5.4 Geschäftsziele präzisieren und technische Ziele ableiten

Worum geht es?

Bevor mit der Datenerhebung gestartet werden kann, sind die Anforderungen an den Use Case abzuleiten, sofern sie in der Auswahlphase nicht ausreichend festgelegt wurden. Sinnvoll ist es, zwischen Geschäftszielen und technischen Anforderungen an den datenbasierten Use Case (z. B. Machine-Learning-Ziele) zu unterscheiden. Durch diese Trennung wird sichergestellt, dass die Lösung später zweifach überprüft wird: zum einen, ob aus technischer Sicht die Ziele erreicht werden (Verifizierung), und zum anderen aus der Business-Perspektive (Validierung).

Wie geht man vor?

1. Geschäftsziele präzisieren: Diese werden in der Sprache der Domänenexperten formuliert wie beispielsweise Reduzierung von Mehraufwand, Zeitersparnis, Reduktion von Ausschuss oder Erhöhung des Ausstoßes. Hierzu sind die Ergebnisse der Business-Case-Beschreibung zu nutzen.

2. Zuordnung zu einer Use-Case-Kategorie: Zunächst ist die Art des Data Science Use Cases zu klären: descriptive, diagnostic, predictive oder prescriptive? Handelt es sich beispielsweise um einen Anwendungsfall im Bereich „Predictive Analytics", so ist eine weitere Zuordnung der Machine-Learning-Aufgabe zu den beschriebenen sieben Anwendungsfällen sinnvoll. Hier liefert das P-Diagramm bereits wertvolle Hinweise: Gibt es beispielsweise eine quantitative stetige Ausgangsgröße, die prognostiziert werden soll, so handelt es sich um eine Regressionsaufgabe.

3. Technische Messgrößen festlegen: Je nach Aufgabenstellung im Bereich Machine Learning gibt es unterschiedliche Bewertungsgrößen: Für eine Klassifizierungsaufgabe wird typischerweise Precision und Recall verwendet, für eine Regressionsaufgabe oftmals der MAE-Wert. Dabei ist sicherzustellen, dass diese Größen insbesondere auch von den Domänenexperten ausreichend verstanden werden.

4. Fehlerkosten erarbeiten: Danach werden die möglichen Fehlerfälle erarbeitet und die entsprechenden Fehlerkosten abgeschätzt. Bei einem binären Klassifizierer beispielsweise gibt es die Fehlerfälle falsch-positiv und falsch-negativ, die unterschiedliche Fehlerkosten nach sich ziehen können.

5. Akzeptablen Fehler festlegen und Zielwerte ableiten: Basierend auf der Abschätzung der Fehlerkosten bzw. -auswirkungen ist gemeinsam mit den Domänenexperten ein akzeptables Fehlerniveau festzulegen. Sehr oft wird hier die aktuelle Situation herangezogen, weil zumindest eine Verbesserung des Ist-Zustandes erreicht werden soll.

Vorgehensweise

1. Geschäftsziele präzisieren
2. Zuordnung zu einer Use-Case-Kategorie
3. Technische Messgrößen festlegen
4. Fehlerkosten erarbeiten
5. Akzeptablen Fehler festlegen und Zielwerte ableiten

Klassifizierung von fehlerhaften Baugruppen

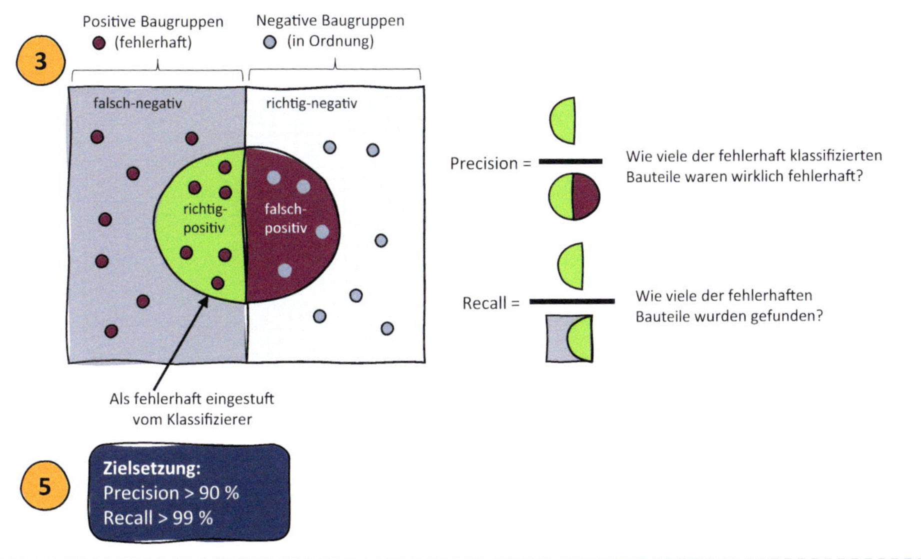

Ein Klassifizierungsalgorithmus prognostiziert, ob ein Bauteil defekt (positiv) sein wird oder nicht. Wird es als defekt klassifiziert, so wird es verschrottet, ansonsten ausgeliefert. Falsch-negative Prognose bedeutet, dass das Bauteil fälschlicherweise ausgeliefert wird, was zu enormen Fehlerkosten führt (Rückrufaktion, Schaden beim Kunden, Imageverlust am Markt). Daher wurde der akzeptable Fehler für falsch-negativ auf < 1 % festgelegt, was zu einem Zielwert von > 99 % beim Recall führt. Eine Precision von > 90 % ist hingegen ausreichend, weil falsch-positiv „lediglich“ zu einer irrtümlichen Verschrottung führt.

Nutzen

Durch die Trennung von Geschäfts- und Machine-Learning-Zielen wird sichergestellt, dass die Lösung zweifach überprüft wird. Zum einen, ob aus technischer Sicht die Ziele erreicht werden, und zum anderen aus der Business-Perspektive.

Praxistipp

Wichtig ist, dass man sich genügend Zeit nimmt, die Fehlerkosten abzuschätzen. Bei Klassifizierungsaufgaben gibt es „falsch-positiv“ und „falsch-negativ“, die hinsichtlich ihrer Auswirkungen unterschiedlich einzustufen sind.

5.5 Projektplan erstellen

Worum geht es?

Der letzte Schritt in dieser Phase besteht darin, einen entsprechenden Projektplan zu erstellen. Dieser basiert auf einem guten Verständnis für den Use Case, auf sorgsam abgeleiteten Zielen und einem gut dargestellten Business Case. Grundsätzlich ist eine agile Projektorganisation zu bevorzugen, daher ist auf zu detaillierte Planung zu verzichten. Dennoch ist es zu empfehlen, entsprechende Phasen und Meilensteine zu definieren, wohl wissend, dass diese je nach Projektfortschritt anzupassen sind. Die Planung zwingt die Beteiligten, auch über notwendige Ressourcen nachzudenken und deren Verfügbarkeit sicherzustellen.

Wie geht man vor?

1. **Sinnvolle Stages definieren:** Üblicherweise erfolgt die Realisierung von Machine Learning Use Cases in mehreren Stages, innerhalb derer man agil vorgeht. Oftmals startet man damit, die Idee sehr schnell zu evaluieren, insbesondere wenn bereits Lerndaten zur Verfügung stehen. Wenn diese ersten Modelle vielversprechend sind, beginnt Stage 2, die üblicherweise als Proof of Concept (PoC) bezeichnet wird. Diese Phase dient dazu, alle möglichen Show Stopper zu erkennen. Bei entsprechendem Erfolg kann mit der Deployment-Phase begonnen werden, in der ein Produkt produktiv gesetzt wird, das zwar noch nicht alle Funktionen erfüllt, aber bereits einen ersten Nutzen liefert. Dieses Produkt wird MVP (Minimal Viable Product) genannt.
2. **Kriterien für die einzelnen Stages definieren:** Um zweifelsfrei feststellen zu können, dass die jeweiligen Stages abgeschlossen wurden, sind eindeutige Kriterien festzulegen
3. **Stage-Review-Konzept präzisieren:** Zusätzlich muss festgelegt werden, welche Personen wie lange an den Reviews teilnehmen und nach welcher Methodik die Reviews durchzuführen sind.
4. **Groben Zeitplan ableiten:** Dann kann man einen entsprechenden groben Zeitplan ableiten, beispielsweise für den Abschluss der einzelnen Stages, der rollierend anzupassen ist. Innerhalb dieser grob festgelegten Meilensteine kann das agile Team seine Arbeit beginnen.

Stage-Gate-Prozess

Vorgehensweise

1. Sinnvolle Stages definieren
2. Kriterien für die einzelnen Stages definieren
3. Stage-Review-Konzept präzisieren
4. Groben Zeitplan ableiten

Projektplanung Automobilindustrie

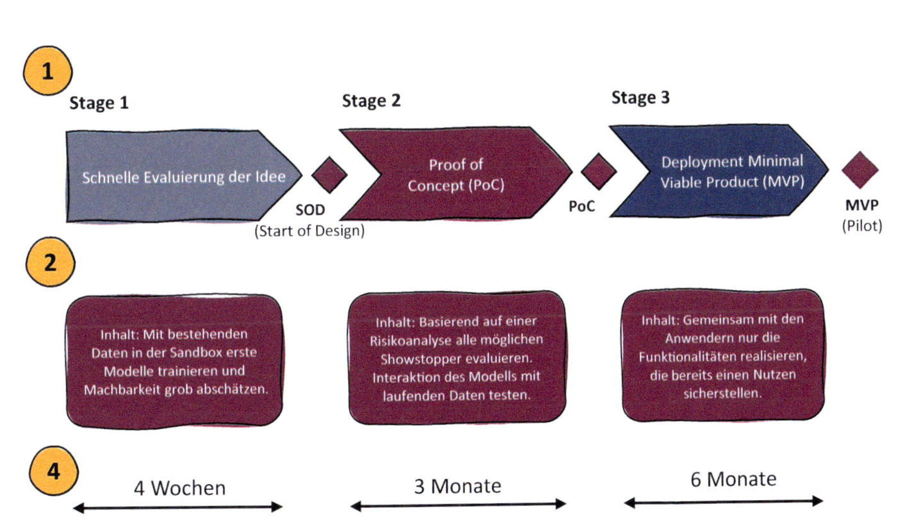

In dem vorliegenden Beispiel hat man sich entschlossen, in drei Stages vorzugehen. Um zeitnah die Idee zu evaluieren, wird mit den bereits vorhandenen Daten ein erstes Modell trainiert und bewertet. Dieser Stage soll vier Wochen dauern, um möglichst schnell zu erkennen, ob die Idee technisch machbar ist („fail early, fail cheap"). Danach wird die PoC-Phase gestartet, in der die nächste Modelliteration entwickelt und getestet wird, um wesentliche Machbarkeitsfragen zu klären. Dann gibt es den offiziellen Startpunkt für das Design der Lösung (SOD), in der ein Pilot mit erstem Wertbeitrag realisiert wird.

Nutzen

Auch wenn man sinnvollerweise agil vorgeht, ist eine übergeordnete grobe Planung auf Ebene der Stages wichtig. Insbesondere wird dadurch das Thema Ressourcenverfügbarkeit rechtzeitig angesprochen.

Praxistipp

Der PoC hat die Aufgabe, potenzielle Showstopper zu erkennen. Es hat sich bewährt, hier vorab eine Risikoanalyse durchzuführen, um wirklich alle möglichen Risiken in dieser Phase abzutesten. Bei der Definition des MVP sind unbedingt die Anwender einzubeziehen.

06 Daten erheben und verstehen

Nachdem datengetriebene Use Cases auf Informationen beruhen, die in Form von Daten vorliegen, besteht die Aufgabe darin, diese notwendigen Daten zu erheben und zu verstehen. Dabei sind die folgenden Schritte zu durchlaufen:

- Relevante Features finden
- Datenerfassung planen
- Messsystemfähigkeit sicherstellen
- Datenbedarf abschätzen
- IT-Infrastruktur für die Datenspeicherung entwickeln und realisieren
- Data Ingestion Pipelines entwerfen
- Datensätze durch Versuche erzeugen
- Daten verstehen

Bereits bei der Erstellung des P-Diagramms wurden wirkende Eingangsgrößen und zu modellierende Ausgangsgrößen bestimmt, auf die in dieser Phase aufgebaut wird. In sogenannten Feature Engineering Workshops wird die initiale Auswahl von Eingangsgrößen unter Einbezug von Domänenexperten hinterfragt und bei Bedarf ergänzt.

Danach kann die Datenerfassung geplant werden, wobei insbesondere vor Beginn der Erhebung und Auswertung von Daten die ausreichende Messsystemfähigkeit überprüft und sichergestellt werden muss.

In dieser frühen Projektphase kann es sein, dass die notwendigen Daten noch nicht automatisiert gesammelt werden. Basierend auf einer Abschätzung des zukünftigen Speicherbedarfs ist die notwendige IT-Infrastruktur zu schaffen und entsprechende Data Ingestion Pipelines sind zu realisieren. Typischerweise müssen hierzu Daten aus verschiedenen Datenquellen erst verknüpft werden.

Neben der Nutzung von bestehenden Daten kann es auch notwendig sein, geeignete Lerndaten mithilfe von systematischen Versuchen im Sinne von DoE (Design of Experiments) zu erzeugen.

Schließlich kommt der essenzielle Schritt, die erhobenen Daten aufzubereiten, um sie hinsichtlich Struktur und Qualität zu verstehen. Darauf basierend kann mit der nächsten Phase der Datenpräparation gestartet werden.

6.1 Relevante Features finden

Worum geht es?

Features sind die Eingangsgrößen aus einem Datensatz, die ein Machine-Learning-Modell für die Prognose nutzt. Feature Engineering ist somit der Prozess, bei dem Rohdaten in Merkmale umgewandelt werden, die für ein Prognosemodell verwendet werden. Hierzu müssen gemeinsam mit den Domänenexperten zunächst die relevanten Merkmale (also die mit einem hohen Informationsgehalt für das Modell) gefunden werden. Diese Aufgabe hat den höchsten Hebel auf die Güte des späteren Modells und kann daher in der Bedeutung nicht hoch genug eingeschätzt werden. Durch den Einbezug der Experten wird zusätzlich die spätere Akzeptanz für die Lösung entscheidend gestärkt.

Wie geht man vor?

1. Thema, Frage und Regeln erläutern: Nachdem alle relevanten Domänenexperten mit an Bord sind, wird bei einem gemeinsamen Workshop das Thema vorgestellt und die entsprechend zu beantwortende Frage geklärt. Soll beispielsweise der Nacharbeitsaufwand prognostiziert werden, so lautet die Fragestellung: „Welche Einflussgrößen auf die Nacharbeit gibt es?“ Damit später in einer konstruktiven, kreativen und offenen Art und Weise diskutiert wird, lohnt es sich, wichtige Regeln wie beispielsweise keine Kritik zu vereinbaren.

2. Alle möglichen Einflussgrößen erarbeiten: Sehr bewährt hat sich, wenn aufbauend auf dem P-Diagramm ein Ishikawa-Diagramm oder eine Mindmap verwendet wird, um während des Workshops die Ergebnisse in strukturierter Art und Weise zu dokumentieren.

3. Wichtigkeit einstufen: Danach werden die Einflussgrößen gewichtet, um zu klären, welche unbedingt als spätere Features im Machine-Learning-Modell beinhaltet sein sollen. Hier kann man zunächst intuitive Bewertungsmethoden wie die Punktbewertung anwenden und den Domänenexperten vertrauen, dass sie die wichtigen Einflussgrößen bestimmen können. Sollte man im Rahmen der ersten Iteration des Modells feststellen, dass die Performance des Modells nicht ausreicht, kann man jederzeit zu diesem Schritt zurückkehren und klären, ob man eventuell bestimmte Einflussgrößen falsch eingeschätzt oder übersehen hat.

4. Aktuelle Datenverfügbarkeit abschätzen: Danach wird die aktuelle Datenverfügbarkeit abgeschätzt und auch ermittelt, wie aufwendig die Daten zu beschaffen sind.

5. Datenerhebungsstrategie festlegen: Abschließend wird festgelegt bzw. geklärt, welche Daten zusätzlich zu erheben sind. Dies ist bereits eine wesentliche Vorarbeit für die darauffolgende Planung der Datenerfassung im Detail.

Ishikawa-Diagramm

Vorgehensweise

1. Thema, Frage und Regeln erläutern
2. Alle möglichen Einflussgrößen erarbeiten
3. Wichtigkeit einstufen
4. Aktuelle Datenverfügbarkeit abschätzen
5. Datenerhebungsstrategie festlegen

Prognose der Nacharbeit

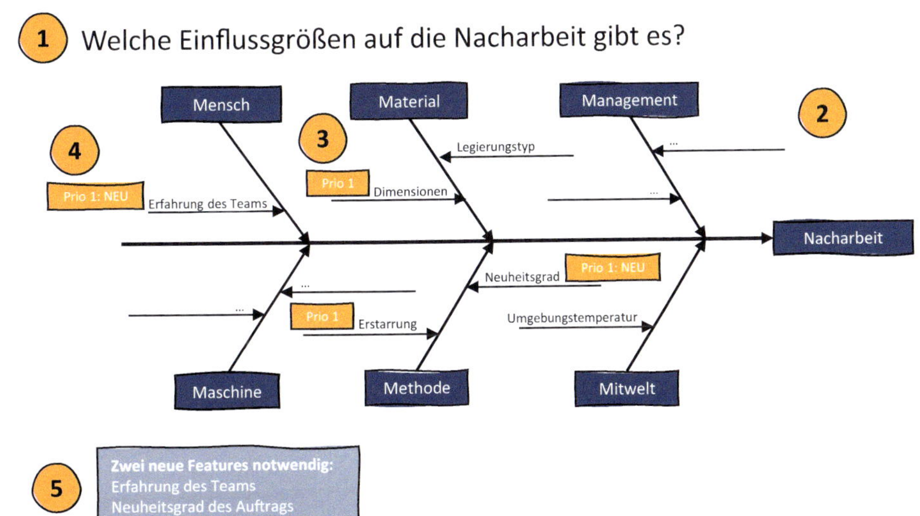

Ein Unternehmen möchte bei neuen Aufträgen den Nacharbeitsaufwand bereits in der Angebotsphase abschätzen, um darauf basierend die richtige Preisstrategie zu wählen. Die Prognosequalität war in der ersten Modelliteration unzureichend. Im Rahmen eines Feature Engineering Workshops mit Fachexperten wird festgestellt, dass die aus Sicht der Experten wichtigsten Faktoren, nämlich die Erfahrung des Produktionsteams generell und die Erfahrung mit ähnlichen Aufträgen als Einflussgrößen fehlen. In weiterer Folge kann das Modell durch die beiden zusätzlichen Features signifikant verbessert werden.

Nutzen

Die gute Beantwortung der Frage nach Merkmalen mit hohem Informationsgehalt für das Prognosemodell hat in der Regel den höchsten Hebel auf die Güte des späteren Modells und steigert die Akzeptanz für die Lösung durch Einbezug der Experten.

Praxistipp

Sehr zu empfehlen ist, dass hier in einem Team mit einem erfahrenen Moderator unabhängig von der aktuellen Datenverfügbarkeit alle möglichen Einflussgrößen erarbeitet werden.

6.2 Datenerfassung planen

Worum geht es?

Bei der Planung der Datenerfassung ist es unerlässlich, neben den Domänenexperten einen Data Engineer oder Experten aus der IT-Abteilung zur Datenerhebung einzubinden. Gemeinsam wird ein Datenerfassungsplan erarbeitet, der sicherstellt, dass die notwendigen Daten vollständig und konsistent erhoben werden. Handelt es sich um einen Machine Learning Use Case, wird durch die Erstellung des Datenerfassungsplans dokumentiert, welche Daten für das Training des Prognosemodells herangezogen wurden.

Wie geht man vor?

1. **Eingangs- und Ausgangsgrößen zusammenstellen:** Zunächst sind alle Größen bzw. Merkmale, die erhoben werden sollen, zu identifizieren.

2. **Merkmalstypen zuordnen:** Bei dieser Zuordnung kann man zunächst zwischen quantitativen (Zahlen) und qualitativen (Wörter) Größen unterscheiden. Bei quantitativen Merkmalen wiederum kann zwischen stetigen und diskreten Merkmalen differenziert werden, bei qualitativen zwischen ordinalen (mit Ordnung z. B. Zufriedenheit von sehr unzufrieden bis sehr zufrieden) und nominalen (ohne Ordnung z. B. Augenfarbe). Die Zuordnung gibt erste Hinweise darauf, wie die Daten später aufbereitet werden können.

3. **Erfassungsperioden festlegen:** Was ein guter Zeitraum für Lerndaten ist, kann nur gemeinsam mit den Domänenexperten erarbeitet werden. Dazu sind Fragen zu beantworten, wie beispielsweise in welchem Zeitraum genügend Variation erfasst wird, was für die spätere Realität repräsentativ ist und für welchen Zeitraum die Lösung gelten soll. Neben der Erfassungsperiode ist auch die Erfassungsfrequenz festzulegen: Soll ein Datenpunkt beispielsweise alle 100 Millisekunden oder jede Stunde erhoben werden?

4. **Vorverarbeitung definieren:** Für eine Verbesserung der Datenqualität kann es sinnvoll sein, dass Werte, die beispielsweise alle 100 Millisekunden anfallen, aufgrund der Zufallsstreuung geglättet werden sollen und daher der Mittelwert aus jeweils einer Minute in das Modell einfließen soll.

5. **Synchronisierung herbeiführen:** Hier ist zu klären, wie die Synchronisierung bzw. richtige zeitliche Zuordnung der Daten untereinander sichergestellt wird. Beispielsweise könnten bestimmte Daten zeitverzögert erhoben worden sein, und es muss daher eine Korrekturrechnung erfolgen.

6. **Datenlücken aufzeigen:** Sehr oft kommt man im Rahmen der Erstellung des Datenerfassungsplan zur Erkenntnis, dass man zusätzliche Datenquellen anbinden muss oder erst die Voraussetzungen zu schaffen sind, bestimmte Daten zu erheben.

Datenerfassungsplan

Vorgehensweise

1. Eingangs- und Ausgangsgrößen zusammenstellen
2. Merkmalstypen zuordnen
3. Erfassungsperioden festlegen
4. Vorverarbeitung definieren
5. Synchronisierung herbeiführen
6. Datenlücken aufzeigen

Spritzgussprozess

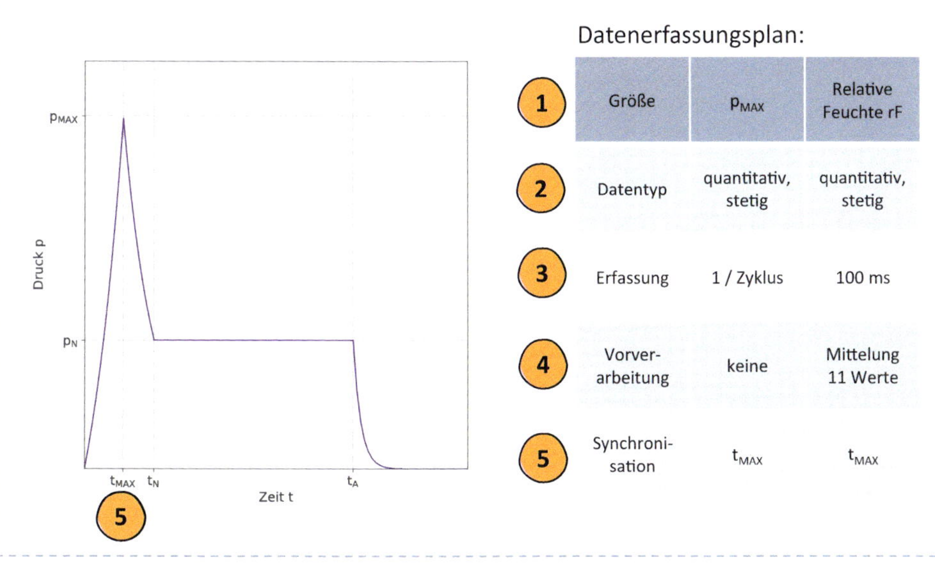

	Größe	p_{MAX}	Relative Feuchte rF
2	Datentyp	quantitativ, stetig	quantitativ, stetig
3	Erfassung	1 / Zyklus	100 ms
4	Vorverarbeitung	keine	Mittelung 11 Werte
5	Synchronisation	t_{MAX}	t_{MAX}

(Kopfzeile mit Markierung 1)

In dem Beispiel wird ein Spritzgussprozess betrachtet. Der maximale Werkzeuginnendruck wird einmal pro Fertigungszyklus mit einem Drucksensor erfasst. Die relative Feuchte des Kunststoffgranulats wird kontinuierlich im 100 ms Raster gemessen. Zur Synchronisierung dieser Daten wird die relative Feuchte um den Zeitpunkt des maximalen Hydraulikdrucks elfmal gemessen. Der Mittelwert dieser Größen wird als relative Feuchte des Kunststoffgranulats gespeichert.

Nutzen

Die Arbeit mit einem Datenerfassungsplan führt zu konsistenten Datensätzen. Zusätzlich wird dokumentiert, welche Daten für die Erstellung der jeweiligen Lösung herangezogen wurden – dies ist auch entscheidend bei der Evaluierung der Lösung.

Praxistipp

Die Synchronisation der Messgrößen ist insbesondere bei mehrstufigen Fertigungsprozessen, bei denen an einem Teil zu unterschiedlichen Zeitpunkten gearbeitet wird, herausfordernd. In diesem Fall ist eine Synchronisation über die individuelle Teilekennung möglich.

6.3 Messsystemfähigkeit sicherstellen

Worum geht es?

Notwendige Voraussetzung für datengetriebene Use Cases sind Messprozesse, die verlässlich, präzise und stabil, d. h. fähig sind. Bevor mit der Aufbereitung von Daten und der Modellierung begonnen werden kann, muss eine Überprüfung der Fähigkeit von Messprozessen durchgeführt werden. Der Nachweis der Fähigkeit wird durch Wiederholmessungen mit entsprechender statistischer Auswertung erbracht, die als Messsystemanalysen (MSA) bezeichnet werden. Nicht vergessen werden darf, dass der Nachweis der Messsystemfähigkeit aufwendig sein kann. Es ist daher sinnvoll, sich in Abstimmung mit den Domänenexperten auf kritische Merkmale zu fokussieren.

Wie geht man vor?

1. Auflösung prüfen: Die Auflösung wird üblicherweise an der feinsten Skaleneinteilung am Messgerät erkannt. Als Faustregel gilt, dass das Messgerät zwischen 5 und 10 % der Streuung des Merkmals auflösen kann. Ist die Auflösung zu gering, können Änderungen im Feature nicht präzise genug erkannt und damit die Auswirkung der Veränderung des Features auf die Ausgangsgröße nicht genau genug modelliert werden.

2. Systematische Messabweichung bestimmen: Die systematische Messabweichung ist die Differenz des Mittelwertes von typischerweise 25 Wiederholmessungen zu einem Referenzwert. Zum einen soll die Streuung der Wiederholmessungen möglichst gering sein und zum anderen soll der Mittelwert möglichst genau am Referenzwert liegen.

3. Linearität des Messsystems prüfen: Hierzu wird die systematische Messabweichung an mehreren Punkten ermittelt, die gleichmäßig über den Messbereich verteilt sind. Die Linearität gibt somit an, ob die Genauigkeit der Messwerte über die gesamte erwartete Spannweite der Messwerte gegeben ist.

4. Streuverhalten des Messsystems bewerten: Hier kann zwischen Vergleichs- und Wiederholpräzision unterschieden werden. Die Wiederholpräzision gibt die Streuung an, wenn der gleiche Prüfer dasselbe Merkmal mehrmals misst. Die Vergleichspräzision beschreibt den Einfluss unterschiedlicher Prüfer auf das Messergebnis. Typischerweise werden zur Bestimmung zehn verschiedene Messungen von drei verschiedenen prüfenden Personen dreimal durchgeführt. Als Faustregel gilt, dass die Streuung des Messsystems weniger als 10 % der gesamten Streuung ausmachen sollte.

5. Langzeitstabilität des Messsystems sicherstellen: Hier werden über einen längeren Zeitraum in regelmäßigen Abständen Wiederholmessungen durchgeführt, um die systematische Messabweichung zu bestimmen. Dies gibt Auskunft über die Stabilität des Messsystems und damit wiederum wertvolle Hinweise auf das Thema Wartung von Modellen.

Vorgehensweise

1. Auflösung prüfen
2. Systematische Messabweichung bestimmen
3. Linearität des Messsystems prüfen
4. Streuverhalten des Messsystems bewerten
5. Langzeitstabilität des Messsystems sicherstellen

Systematische Messabweichung

2 Visualisierung der Ergebnisse im Vergleich zu Referenz und Toleranz

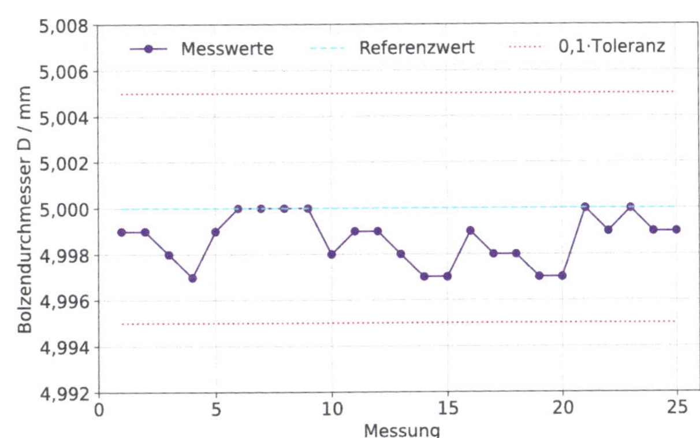

Bei der Fertigung von Bolzen wird eine automatische Erfassung des Bolzendurchmessers vorgenommen. Die Messung erfolgt optisch. Im Rahmen der Messsystemanalyse (MSA) wird u. a. die systematische Messabweichung bestimmt. Dazu werden an einem Referenzteil unter Laborbedingungen 25 Messungen durchgeführt und mit dem Referenzwert verglichen. Das Ergebnis zeigt, dass die Streuung ausreichend klein ist, aber eine systematische Messabweichung (zu kleine Messwerte) besteht. Das Messsystem ist entsprechend zu korrigieren.

Nutzen

Der Nachweis der Messfähigkeit mit der Messsystemanalyse garantiert verlässliche Messwerte mit ausreichender Präzision. Die Messfähigkeit ist damit eine wesentliche Voraussetzung für genaue Prognosemodelle.

Praxistipp

Der Nachweis der Messfähigkeit ist wichtig, aber aufwendig. Die Domänenexperten kennen die kritischen Messgrößen. In Abstimmung mit ihnen kann die MSA auf die kritischen Messgrößen beschränkt werden.

6.4 Datenbedarf abschätzen

Worum geht es?

Ein wesentlicher Aspekt bei der Entwicklung der geeigneten Architektur für Data-Science-Anwendungsfälle ist die Einschätzung der erforderlichen Datenmenge und Übertragungsgeschwindigkeiten. Ein entscheidender erster Schritt ist die Durchführung einer groben Schätzung, eine Überschlagsberechnung (auch bekannt als Back-of-the-Envelope-Berechnung), wie lange Verarbeitungsprozesse dauern bzw. wie groß der Speicherbedarf sein wird. Diese Berechnungsmethode ist besonders in den frühen Projektphasen nützlich, wenn detaillierte und spezifische Daten möglicherweise noch nicht vorliegen, aber schnelle und grundlegende Entscheidungen über die verwendeten Technologien getroffen werden müssen.

Wie geht man vor?

1. Datenobjekte definieren: Zunächst sind die verschiedenen Arten von Daten und Datenobjekten zu identifizieren, die übertragen und/oder gespeichert werden sollen. Hier dient das P-Diagramm als gute Basis. Dies können verschiedene Arten von Daten wie Zahlen, Texte und Bilder sein.

2. Größe in Abhängigkeit vom Datentyp bestimmen: Darauf basierend kann man für diese unterschiedlichen Datentypen die Größe und den Speicherverbrauch abschätzen. Zur überschlagsmäßigen Berechnung des Speicherbedarfs oder der Übertragungsgeschwindigkeit ist es notwendig, den Speicherbedarf gängiger Datentypen in Byte bzw. die Durchsatzraten von digitalen Technologien zu kennen. In der Literatur stehen hierzu entsprechende Auflistungen zur Verfügung.

3. Häufigkeit der Speicherung festhalten: Danach ist zu ermitteln, wie häufig ein neuer Wert gespeichert werden muss, um das zu erwartende Datenaufkommen pro Jahr abzuschätzen. Einige Daten müssen nur einmalig gespeichert werden, während andere häufig aktualisiert oder hinzugefügt werden müssen.

4. Latenz und Durchsatz berücksichtigen: Zusätzlich zum Speicherverbrauch sind für das Design der Data-Science-Lösung auch Latenzzeiten und Durchsatzraten ausschlaggebend. Das Lesen von Daten von einer Festplatte dauert länger als das Abrufen von Daten aus dem Hauptspeicher. Das Design hat somit einen Einfluss darauf, welche Datenmenge bzw. -größe in einer bestimmten Zeit überhaupt verarbeitet werden kann (Durchsatz). In verteilten Systemen sind zusätzlich Antwortzeiten zu berücksichtigen (Latenz), weil dadurch die nutzbare Datenmenge eingeschränkt wird.

5. Speicherbedarf hochrechnen: Schließlich werden all diese Informationen addiert, um eine Gesamtschätzung des Speicherbedarfs zu erhalten. Diese Hochrechnung sollte sowohl den aktuellen als auch den zukünftig erwarteten Bedarf berücksichtigen.

Back-of-the-Envelope-Berechnung

Vorgehensweise

1. Datenobjekte definieren
2. Größe in Abhängigkeit vom Datentyp bestimmen
3. Häufigkeit der Speicherung festhalten
4. Latenz und Durchsatz berücksichtigen
5. Speicherbedarf hochrechnen

Daten aus Fertigungsanlage

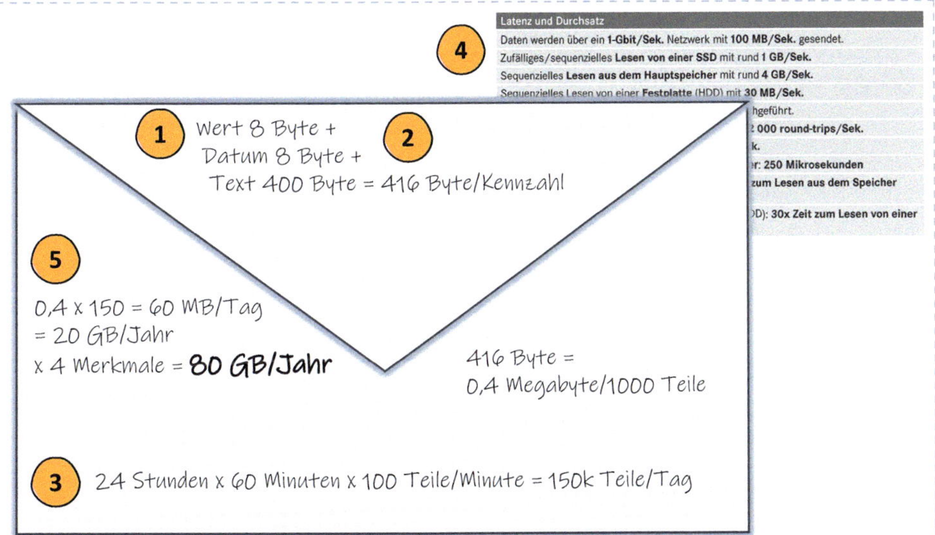

Für eine Fertigungsanlage sollen vier Qualitätskennzahlen für jedes produzierte Bauteil erhoben und gespeichert werden. Betrachtet man einen Fertigungszeitraum von einem Jahr, sind die rund 80 Gigabyte mit modernen Servern und Speichermöglichkeiten noch problemlos zu handhaben. Bei der weiteren Skalierung der Data-Science-Lösung ist jedoch geplant, dass diese auf über 100 Fertigungsanlagen ausgerollt werden soll, was eine gesamte Datenmenge von rund neun Terabyte pro Jahr zur Folge hat. Daher ist für die Analyse und die gesamte Verarbeitung eine verteilte Lösung (mehrere Server oder Rechenzentren) erforderlich.

Nutzen

Besonders in frühen Projektphasen ist eine Überschlagsberechnung nützlich, da detaillierte Daten möglicherweise noch nicht verfügbar sind und bereits Entscheidungen über die Infrastruktur getroffen werden müssen.

Praxistipp

Zur überschlagsmäßigen Berechnung des Speicherbedarfs oder der Übertragungsgeschwindigkeit ist es notwendig, den Speicherverbrauch gängiger Datentypen in Byte bzw. die Durchsatzraten von digitalen Technologien zu kennen.

6.5 IT-Infrastruktur für die Datenspeicherung entwickeln und realisieren

Worum geht es?

Nachdem die Datenobjekte, deren Speicherbedarf sowie generelle Vorbedingungen grob erarbeitet wurden, muss eine IT-Infrastruktur entwickelt und implementiert werden, mit der Daten sicher, effizient und skalierbar gespeichert und verwaltet werden können. Der Hauptzweck besteht darin, die Verfügbarkeit und Integrität der Daten für die Nutzer und Anwendungen zu gewährleisten, die darauf angewiesen sind. Dies umfasst nicht nur die physische Speicherung der Daten, sondern auch die Verwaltung des Lebenszyklus der Daten, den Schutz vor Datenverlust und die Fähigkeit, mit dem Wachstum der Datenmengen umzugehen.

Wie geht man vor?

1. **Datenspeicherungslösung auswählen:** Im ersten Schritt wird entschieden, welche Art von Speicherlösung verwendet werden soll. Optionen sind klassische Festplatten oder auch Datenbanklösungen. Bei den Datenbanken gibt es neben den generellen relationalen Datenbanken auch spezifischere Lösungen im Bereich der NoSQL-Datenbanken. Diese bieten eine hohe Skalierbarkeit und Flexibilität bei der Handhabung von strukturierten, halbstrukturierten und unstrukturierten Daten, was sie ideal für Big-Data-Anwendungen macht.
2. **Infrastruktur-Setup einrichten:** Nachdem die Speicherlösung ausgewählt wurde, muss die Infrastruktur eingerichtet werden. Sofern nicht bereits bestehende Cloud-Dienste über ein Abomodell gebucht werden, ist auch die Installation der Hardware (Server, Netzwerkkomponenten etc.) und der Software (Betriebssystem etc.) notwendig.
3. **Datenmanagement und Data Governance sicherstellen:** Dazu gehören Datenschutzrichtlinien, Zugriffskontrollen, Datenklassifizierungssysteme und Compliance mit gesetzlichen Anforderungen. Ziel ist es, die Integrität, Vertraulichkeit und Verfügbarkeit der Daten zu gewährleisten.
4. **Skalierungsstrategien definieren:** Auch wenn der zukünftige Datenbedarf bereits bekannt ist, sollte aus Kostengründen mit einem kleineren Setup gestartet werden. Jedoch ist ein Wachsen der Infrastruktur bereits zu berücksichtigen. Grundsätzlich gibt es zwei Dimensionen der Skalierung: Bei der vertikalen Skalierung (Scale Up) werden leistungsstärkere Server eingesetzt, bei der horizontalen Skalierung (Scale Out) werden weitere „normale" Server hinzugefügt.
5. **Backup und Recovery umsetzen:** Schließlich muss ein robustes Backup- und Wiederherstellungssystem entwickelt werden, um Datenverluste zu verhindern.

NoSQL-Datenbank

Vorgehensweise

1. Datenspeicherlösung auswählen
2. Infrastruktur-Setup einrichten
3. Datenmanagement und Data Governance sicherstellen
4. Skalierungsstrategien definieren
5. Backup und Recovery umsetzen

Kennzahlen Fertigungsprozess

1

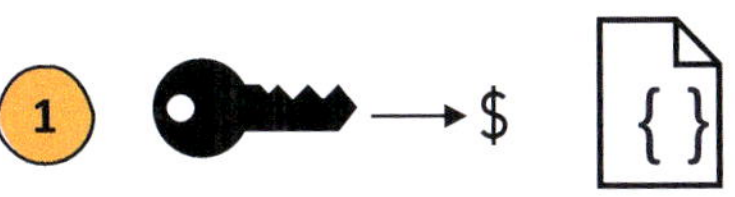

Key Value Stores

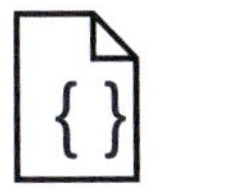

Dokumentenorientierte Datenbank

Wide Column Stores (spaltenorientierte DB)

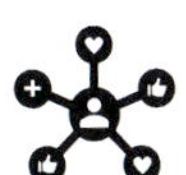

Graphdatenbank

Zeitreihendatenbank

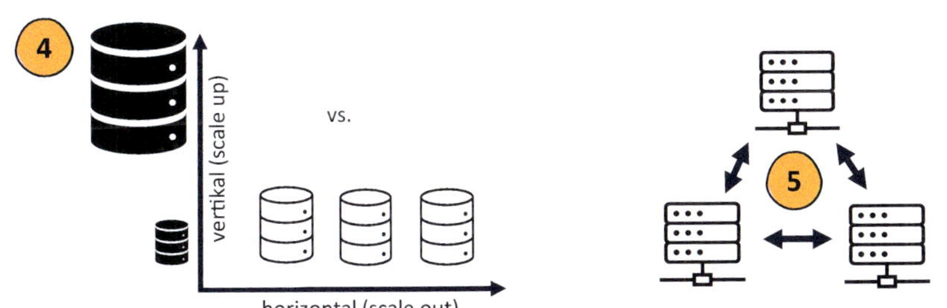

Für einen Fertigungsprozess sollen alle Daten wie beispielsweise Einstellparameter und Qualitätsmerkmale gespeichert werden, damit ein entsprechendes Machine-Learning-Modell trainiert werden kann. Um die anfallenden Sensordaten zu speichern, wurde InfluxDB verwendet. Hier handelt es sich um eine Zeitreihendatenbank, eine spezielle Form in der Gruppe der NoSQL-Datenbanken, wodurch viele Möglichkeiten der Skalierung (vertikal, horizontal über Cluster und Partitionen) bestehen.

Nutzen

Die zu entwickelnde IT-Infrastruktur stellt sicher, dass die Daten sicher, effizient und skalierbar gespeichert und verwaltet werden. Dies umfasst den Schutz vor Datenverlust und die Fähigkeit, mit dem Wachstum der Datenmengen umzugehen.

Praxistipp

Im Gegensatz zu relationalen Datenbanken, welche auf festen Tabellenschemata basieren, sind NoSQL-Datenbanken besser für komplexe Abfragen und große Mengen variabler oder unstrukturierter Daten geeignet.

6.6 Data Ingestion Pipelines entwerfen

Worum geht es?

Data Ingestion Pipelines stellen sicher, dass Daten aus verschiedenen Quellen effizient erfasst, verarbeitet und in ein zentrales System integriert werden. Durch die Automatisierung des Datenflusses wird sichergestellt, dass die Daten aktuell, genau und rechtzeitig verfügbar sind. Eine gut entworfene Pipeline erhöht die Datenqualität und optimiert die Datenverfügbarkeit.

Wie geht man vor?

1. **Datenverarbeitungstechnologie auswählen:** Der erste Schritt ist die Auswahl der passenden Technologie, mit der die Anforderungen an Geschwindigkeit, Datenformat und -volumen sowie die Komplexität der Datenverarbeitung erfüllt wird. Dabei kann es sich um eine Batch-Verarbeitung, Stream-Verarbeitung oder eine Kombination handeln. Die gewählte Technologie muss die Speicherung, Verarbeitung und Analyse von Daten unterstützen und dabei skalierbar und zuverlässig sein. Neben der Möglichkeit, die Pipeline selbst zu programmieren, gibt es zahlreiche Open-Source-Lösungen (wie Apache Kafka, MQTT) und kommerzielle Anbieter (Knime, Crosser etc.).
2. **Pipeline-Komponenten definieren:** In diesem Schritt werden die verschiedenen Elemente der Pipeline festgelegt: Eingangsquellen, Verarbeitungsmodule, Ausgänge und Endspeicher. Für jede Komponente werden spezifische Aufgaben und Anforderungen definiert, um sicherzustellen, dass alle Teile der Pipeline effizient zusammenarbeiten.
3. **Datenfluss und Integrationspunkte festlegen:** Danach wird der Weg der Daten durch die Pipeline bestimmt, einschließlich der Punkte, an denen Daten extrahiert, geladen und mit anderen Systemen integriert werden. Dieser Schritt erfordert eine genaue Planung, um Engpässe zu vermeiden und Datenintegrität zu gewährleisten.
4. **Orchestrierung und Automatisierung realisieren:** Die Pipeline muss so konzipiert sein, dass sie möglichst selbstständig funktioniert. Dazu gehört die Automatisierung von Prozessen sowie die Orchestrierung, also die koordinierte Ausführung von Aufgaben in der richtigen Reihenfolge und unter den richtigen Bedingungen.
5. **Datenqualität sicherstellen:** Es müssen Kontrollen implementiert werden, die sicherstellen, dass die Daten bei der Erfassung und Verarbeitung sauber, konsistent und korrekt sind.
6. **Überwachung und Wartung ermöglichen:** Regelmäßige Überwachung und Wartung ist notwendig, um die Pipeline effektiv zu halten. Fehler müssen effizient behoben werden können, und das Aktualisieren von Systemen sowie die Anpassung an neue Anforderungen muss Teil dieser Pipeline sein.

Crosser

Vorgehensweise

1 Datenverarbeitungstechnologie auswählen

2 Pipeline-Komponenten definieren

3 Datenfluss und Integrationspunkte festlegen

4 Orchestrierung & Automatisierung realisieren

5 Datenqualität sicherstellen

6 Überwachung & Wartung ermöglichen

Qualitätsverbesserung Fertigungsanlage

1 crosser

2

5

3

Zur Qualitätsverbesserung werden Daten einer Fertigungsanlage gespeichert und anschließend über einen Machine-Learning-Algorithmus analysiert. Dazu ist es notwendig, dass alle Daten der Fertigungsanlage, aber auch weitere Daten wie das Prozessleitsystem oder Umgebungsdaten wie Temperatur erfasst und gespeichert werden. Für die Integration, Bereinigung und Verarbeitung der Daten wird Crosser verwendet. Damit ist auch die native Anbindung von OPC-UA-Signalen möglich, womit es keiner zusätzlichen Änderung der Anlagensteuerung bedarf.

Nutzen

Data Ingestion Pipelines stellen sicher, dass Daten aus verschiedenen Quellen erfasst, verarbeitet und integriert werden. Die erforderlichen Daten sind aktuell, genau und rechtzeitig verfügbar.

Praxistipp

In der Praxis hat sich Crosser als Datenverarbeitungstechnologie für Machine-Learning-Lösungen bewährt. Crosser kann nicht nur Edge-Daten verarbeiten, sondern auch direkt in der Cloud als Ausführungsumgebung laufen.

6.7 Datensätze durch Versuche erzeugen

Worum geht es?

Bestehende Datensätze, die für Machine-Learning-Modelle herangezogen werden, stehen zwar kostengünstig zur Verfügung, können jedoch fehlerbehaftet sein, was dazu führt, dass zu modellierende Ursache-Wirkungs-Beziehungen nur ungenügend belegt werden können. Die bestehenden Daten beinhalten beispielsweise nicht alle wichtigen Einflussgrößen, es fehlen zu viele Einzelwerte, die Eingangsgrößen weisen nicht genügend Varianz auf oder die Einflussfaktoren sind nicht unabhängig voneinander. Daher kann es sinnvoll sein, dass Lerndaten mithilfe von „Design of Experiments"-Methoden (DoE) generiert werden. Derartige Versuchspläne garantieren beispielsweise durch die große Varianz der Einflussgrößen und die gleichmäßige Abdeckung des Versuchsraums ein schnelles und präzises Lernen von Modellen bei minimalem Versuchsaufwand.

Wie geht man vor?

1. Systemverständnis sicherstellen: Aufbauend auf dem P-Diagramm sind die Eingangs-, Stör- und Ausgangsgrößen gegebenenfalls zu präzisieren. Danach ist eine entsprechende Beschreibung des Systemverhaltens zu erarbeiten, das zunächst das Systemrauschen umfasst. Das ist die Beschreibung des Verhaltens der Ausgangsgröße bei konstanten Eingangsgrößen.

2. Funktionale Zusammenhänge erarbeiten: Danach werden die vermuteten funktionalen Beziehungen erarbeitet, wobei Wechselwirkungseffekte nicht vergessen werden dürfen. Eine Wechselwirkung liegt dann vor, wenn der Einfluss einer Eingangsgröße auf die Ausgangsgröße davon abhängt, welchen Wert eine andere Eingangsgröße hat.

3. Versuchsplan auswählen: Darauf basierend kann der ideale Trainingsdatensatz generiert werden, wobei hier verschiedene Arten von Versuchsplänen zur Verfügung stehen, die von gängigen Statistikprogrammen angeboten werden. Bei sogenannten vollfaktoriellen Versuchsplänen werden alle möglichen Stufenkombinationen aller Eingangsgrößen gegeneinander getestet. Sie liefern alle Informationen, um später ein vollständiges Modell zu erarbeiten, jedoch steigt die Anzahl der Versuche mit der Anzahl der Eingangsgrößen exponentiell. Daher wird man in der Praxis auf teilfaktorielle oder D-optimale Versuchspläne zurückgreifen.

4. Versuche durchführen: Basierend auf dem Systemverständnis werden die Versuche gemäß Versuchsplan durchgeführt. Wichtig ist, dass das Team vor Ort ist und alle besonderen Vorkommnisse sehr genau dokumentiert.

Vorgehensweise

1. Systemverständnis sicherstellen
2. Funktionale Zusammenhänge erarbeiten
3. Versuchsplan auswählen
4. Versuche durchführen

Galvanische Abscheidung von Nickel

(2) Funktionaler Zusammenhang:

$$S = b_0 + b_1 \cdot T + b_2 \cdot J + b_3 \cdot T \cdot J$$

$$= \text{Offset} + \text{Lineare Terme} + \text{Wechselwirkung}$$

(3) Vollfaktorieller Versuchsplan mit Centerpoint

(4)

T / °C	J / A/mm²	S / MPa
20	1	86,2
60	1	15,2
20	5	66,8
...	...	...

(4)

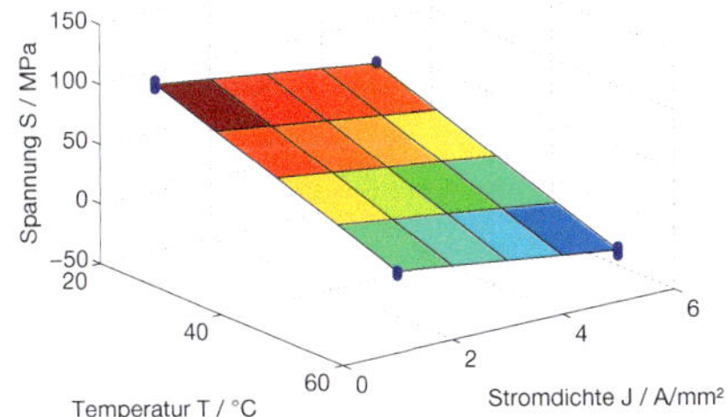

Bei der galvanischen Abscheidung von Nickelstrukturen entstehen mechanische Spannungen S. Sie hängen von der Temperatur T des Galvanikbades sowie der Stromdichte J ab, mit der die Strukturen abgeschieden werden. Es wird ein linearer Zusammenhang mit Wechselwirkungen vermutet. Zur Modellierung wird ein vollfaktorieller Versuchsplan gewählt, die entsprechenden Versuchspunkte sind im Diagramm blau eingezeichnet. Durch einen zusätzlichen Centerpoint kann die Hypothese der linearen Regressionsfunktion mit Wechselwirkungen überprüft werden. In diesem Fall war die Annahme korrekt.

Nutzen

Statistische Versuchspläne garantieren eine präzise Modellierung funktionaler Zusammenhänge bei minimalem Aufwand. Durch die große Varianz der Eingangsgrößen werden Modelle effizient gelernt.

Praxistipp

Insbesondere bei aufwendigen Versuchen sind D-Optimale Versuchspläne vorzuziehen, sie garantieren eine hohe Präzision bei geringem Versuchsaufwand. Voraussetzung ist eine genaue Systemanalyse.

6.8 Eindimensionale Daten verstehen

Worum geht es?

Nachdem nun die Daten erfasst wurden und zur Verfügung stehen, besteht der nächste Schritt darin, sich mit dem Datensatz vertraut zu machen und die inhaltliche Datenqualität im Sinne von korrekt, vollständig, repräsentativ und aktuell zu beurteilen. Je früher Probleme mit der Datenqualität entdeckt und beseitigt werden, desto besser und schneller wird auch der Projektfortschritt sein. Ein wesentlicher Nutzen besteht überdies darin, dass ein besseres Datenverständnis auch zu einem besseren Domänenverständnis führt. Eindimensionale Daten liegen vor, wenn ein Merkmal isoliert betrachtet wird.

Wie geht man vor?

1. Häufigkeitsverteilung darstellen: Bei diskreten Merkmalen wird die Stichprobe der Größe nach geordnet und die Häufigkeit der einzelnen Werte ausgewertet. Bei stetigen Merkmalen werden die Stichprobenwerte in Klassen von Wertebereichen zusammengefasst, und es entsteht ein sogenanntes Histogramm. Dadurch sieht man die Lage, die Streuung und die Verteilung des Merkmals, die von Domänenexperten auf Richtigkeit geprüft werden können.

2. Kreis- und Balkendiagramm erstellen: Für qualitative Merkmale wird die Häufigkeit der einzelnen Ausprägungen (Klassen) berechnet und in Form eines Kreis- oder Balkendiagramms aufbereitet wie beispielsweise die Aufteilung einer Gesamtliefermenge auf vier verschiedene Zulieferer. Die Domänenexperten können diese Aufteilung hinsichtlich Plausibilität prüfen, außerdem kann man Fehler in den Daten sofort erkennen.

3. Lage- und Streuungskennwerte bestimmen: Mittelwert und Median werden als Maß für die Lage der Stichprobe verwendet. Weil der Mittelwert insbesondere bei kleinen Stichprobenumfängen stark von einzelnen Ausreißern abhängt, wird zusätzlich gerne der Median verwendet. Um die Streuung der Werte zu bestimmen, werden Kenngrößen wie Standardabweichung oder Spannweite verwendet.

4. Daten als Zeitreihe darstellen: Hier kann man Aspekte wie Trends, Periodizität oder auch Sprünge in den Daten erkennen. Mit einer Zeitreihe können beispielsweise auch zeitliche Muster von Fehlmessungen erkannt werden.

5. Daten als Boxplot aufbereiten: In einem Boxplot werden wesentliche Kennwerte anschaulich grafisch aufbereitet. Anfang und Ende der Box stellen die 25 %- und 75 %-Quartile dar: Die Höhe der Box repräsentiert somit den Wertebereich, in dem 50 % der Werte beinhaltet sind. Der Median wird als Balken in der Box eingezeichnet. Die Linien außerhalb der Box werden Whisker genannt, und Punkte außerhalb der Whisker kennzeichnen Ausreißer.

Eindimensionale Aufbereitungstechniken

Vorgehensweise

1. Häufigkeitsverteilung darstellen
2. Kreis- und Balkendiagramm erstellen
3. Lage- und Streuungskennwerte bestimmen
4. Daten als Zeitreihe darstellen
5. Daten als Boxplot aufbereiten

Rautiefe beim Laserschneiden

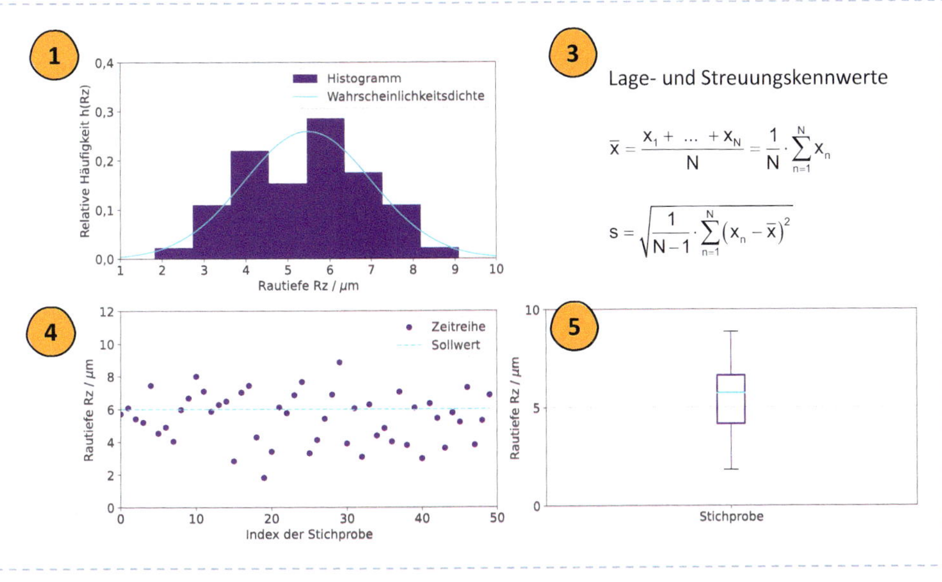

Laserschneidgeräte können Blechteile mit nahezu beliebigen lateralen Konturen in hoher Geschwindigkeit erzeugen. Dabei entsteht eine Oberfläche, die eine Rautiefe Rz aufweist, die in Mikrometern angegeben wird. Die Messung dieser Rautiefe ist als Histogramm dargestellt. Die Verteilung der Messdaten kann über Mittelwert und Standardabweichung zusammengefasst werden. Die Darstellung der Ergebnisse als Zeitreihe zeigt keine systematische Drift der Messwerte. Der Boxplot weist keine Ausreißer der Messreihe aus.

Nutzen

Durch die grafische Aufbereitung der Daten kann ihre Qualität im Sinne von Fehlerfreiheit und Plausibilität festgestellt werden. Je früher die Probleme mit der Datenqualität entdeckt werden, desto schneller kann der Use Case umgesetzt werden.

Praxistipp

Insbesondere zum Projektstart ist es wichtig, sich mit Größen des Systems vertraut zu machen. Nur die Kombination von Kennwerten und grafischer Darstellung erlaubt ein umfassendes Datenverständnis.

6.9 Mehrdimensionale Daten verstehen

Worum geht es?

Die Analyse jedes Merkmals für sich stellt bereits eine gute Basis für ein besseres Verständnis der Daten dar, aber erst durch die kombinierte Betrachtung aller Eingangs- und Ausgangsgrößen kann der Datensatz final verstanden werden. Insbesondere geht es bei Prognosemodellen darum, Korrelationen zwischen den Eingangsgrößen zu untersuchen, um das Problem der Kollinearität (lineare Abhängigkeit) von Eingangsgrößen zu entdecken, das dazu führt, dass Modelle instabil sind, d. h. stark vom jeweiligen Datensatz abhängen.

Wie geht man vor?

1. Randhäufigkeiten bestimmen: Hat man mehrere qualitative Merkmale, die hinsichtlich der Häufigkeit des gemeinsamen Auftretens analysiert werden sollen, dann werden die sogenannten Randhäufigkeiten berechnet und als Säulendiagramm dargestellt. Hat man beispielsweise einen Datensatz über die Anzahl der gefertigten Teile und die dazugehörigen qualitativen Merkmale Wochentag mit den Ausprägungen Mo – Fr und Schicht mit den Ausprägungen A, B und C, können die Häufigkeiten für jeden Wochentag und für jede Schicht berechnet werden. Dadurch können spärliche Klassen einfach entdeckt werden.

2. Segmentierten Boxplot erstellen: Für den Fall, dass ein Merkmal des Datensatzes qualitativ und das andere Merkmal stetig ist, kann beispielsweise ein Boxplot segmentiert nach dem qualitativen Merkmal erstellt werden. Beispielsweise kann ein gefertigter Bolzendurchmesser auf der y-Achse als Boxplot segmentiert nach verschiedenen Fertigungsschichten dargestellt werden.

3. Streudiagrammmatrix erstellen: Hat man einen mehrdimensionalen Datensatz mit mehreren stetigen Eingangs- und Ausgangsgrößen, so können die entsprechenden Korrelationen in einer Streudiagrammmatrix dargestellt werden, wobei die Matrix symmetrisch zur Hauptdiagonale ist. Auf der Hauptdiagonale kann das Histogramm des jeweiligen Merkmals dargestellt werden.

4. Korrelationsmatrix bestimmen: Zusätzlich kann der Korrelationskoeffizient r berechnet werden, der angibt, wie stark zwei Merkmale linear voneinander abhängig sind.

5. Korrelationen als Heatmap darstellen: Um die Korrelationen von vielen Merkmalen miteinander paarweise zu beschreiben, kann eine Matrix von Korrelationskoeffizienten aufgestellt werden. Werden die Werte der Korrelationsmatrix einem Farbwert zugeordnet, beispielsweise rot für einen starken positiven Zusammenhang, dann wird diese Grafik auch als Heatmap bezeichnet.

Mehrdimensionale Aufbereitungstechniken

Vorgehensweise

1. Randhäufigkeiten bestimmen
2. Segmentierten Boxplot erstellen
3. Streudiagrammmatrix erstellen
4. Korrelationsmatrix bestimmen
5. Korrelationen als Heatmap darstellen

Ausbeute eines chemischen Prozesses

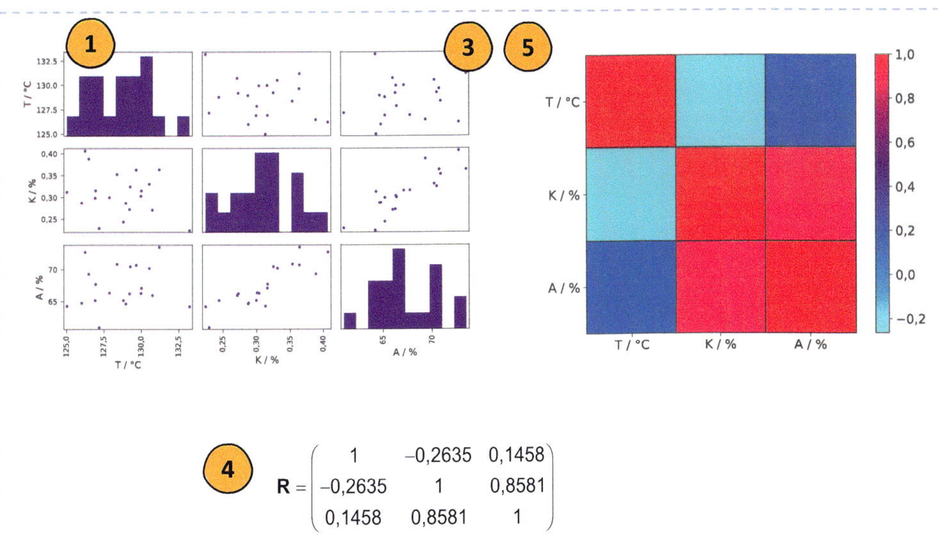

$$\mathbf{R} = \begin{pmatrix} 1 & -0{,}2635 & 0{,}1458 \\ -0{,}2635 & 1 & 0{,}8581 \\ 0{,}1458 & 0{,}8581 & 1 \end{pmatrix}$$

Die Ausbeute eines chemischen Prozesses soll durch eine geeignete Katalysatorkonzentration K und Prozesstemperatur T verbessert werden. Die Streudiagrammmatrix zeigt, dass die Ausbeute nur leicht von der Prozesstemperatur T und deutlich von der Katalysatorkonzentration K abhängt. Das zeigt sich auch an den Korrelationswerten von 0,15 beziehungsweise 0,86. Eine schnelle Übersicht ist die Darstellung der Korrelation als Heatmap.

Nutzen

Nur durch die kombinierte Betrachtung aller Eingangs- und Ausgangsgrößen kann der Datensatz ausreichend verstanden werden. Beispielsweise kann damit das Problem der Kollinearität zwischen Eingangsgrößen entdeckt werden.

Praxistipp

Neben der Überprüfung, ob Eingangsgrößen zueinander unkorreliert sind, kann auch ermittelt werden, ob die Ausgangsgrößen eine hohe Korrelation zu den verwendeten Eingangsgrößen aufweisen. Dies gibt erste Hinweise auf die spätere Modellbildung.

07 Daten präparieren

Da die erhobenen Daten in den seltensten Fällen perfekt sind, muss Zeit investiert werden, um die Qualität der Daten zu verbessern. Insbesondere bei prädiktiven Modellen steigt mit der Güte der Datensätze zum einen die Qualität des Ergebnisses, zum anderen sinkt die Komplexität der notwendigen Algorithmen. Die Qualität der Daten zu verbessern, ist eventuell nicht besonders beliebt und spektakulär, zählt aber zu einem der wichtigsten Schritte bei Data Science Use Cases.

Typischerweise werden die folgenden Schritte durchlaufen:

- Daten bereinigen
- Relevante Features auswählen und konstruieren
- Features codieren
- Daten komprimieren (Dimension reduzieren)
- Zeitreihen vorverarbeiten

Die Bereinigung von Daten umfasst beispielsweise die Beseitigung von Inkonsistenzen, das Ausbessern von Tippfehlern oder auch die Ergänzung von fehlenden Daten durch geeignete Imputing-Strategien.

Danach sind aus dem erhobenen Datensatz die relevanten Features auszuwählen und bei Bedarf zusätzliche Features (z. B. quadratische Terme) zu konstruieren.

Des Weiteren sind üblicherweise die Features noch zu codieren, d. h. sie sind noch so zu verändern, dass sie in korrekter Weise als Input für ein Machine-Learning-Modell verwendet werden können.

Unter Dimensionsreduktion versteht man die Herausforderung, möglichst einfache Modelle mit möglichst wenig Features zu realisieren, um zusätzlich Rechenzeit zu sparen. Hierzu kann die Principal Component Analysis (PCA) eingesetzt werden.

Eine wichtige Aufgabe in dieser Phase besteht üblicherweise auch in der Vorverarbeitung von Zeitreihen. Diese zeichnen sich dadurch aus, dass die Reihenfolge der Datenpunkte entscheidend ist, weil diese dazu genutzt wird, Prognosen zu erstellen. Diese Tatsache ermöglicht und erfordert spezifische Vorverarbeitungstechniken wie beispielsweise Interpolation für fehlende Werte oder Filterung zur Reduzierung von Rauschen.

7.1 Daten bereinigen

Worum geht es?

Das Ziel der Datenbereinigung besteht darin, die Datenqualität auf das erforderliche Niveau zu heben. Wenn man einen richtig bereinigten Datensatz hat, können oft auch einfache Algorithmen beeindruckende Ergebnisse erzielen. Durch die ordentliche Bereinigung der Datensätze werden Fehlinterpretationen oder falsche Modelle vermieden.

Wie geht man vor?

1. Konsistenz der Einträge prüfen und korrigieren: Da die Datensätze typischerweise aus unterschiedlichen Datenquellen stammen, die beispielsweise unterschiedliche Betriebssysteme haben oder aus unterschiedlichen Ländern kommen, ist eine Konsistenz nicht automatisch sichergestellt. Es kann beispielsweise vorkommen, dass unterschiedliche Dezimaltrennzeichen (mithilfe von Punkten oder Kommas) oder unterschiedliche Arten der Zifferngruppierung verwendet werden. Bei qualitativen Merkmalen kann es sein, dass unterschiedliche Bezeichnungen für denselben Sachverhalt verwendet werden, beispielsweise können die Begriffe „ja", „ok" und „x" synonym verwendet worden sein.

2. Falsche Beobachtungen bei qualitativen Daten korrigieren: Durch die Analyse von Balkendiagrammen für qualitative Merkmale erkennt man beispielsweise die Klassen, die nicht vorhanden sein sollten oder falsch beschriftet wurden – beispielsweise durch Tippfehler. Eventuell entdeckt man auch irrelevante Beobachtungen, die nicht zum jeweiligen Use Case passen.

3. Ausreißer bei quantitativen Daten behandeln: Die Behandlung von Ausreißern ist gemeinsam mit den Domänenexperten zu klären. Denn Ausreißer können unter Umständen sehr informativ sein und müssen daher in die Modellbildung einfließen. Es muss einen guten Grund geben, einen Ausreißer zu entfernen, z. B. bei falschen Messungen.

4. Fehlende Einträge finden und korrigieren: Liegt ein großer Datensatz vor und weisen die Daten keine systematische Struktur auf, können die Teile mit fehlenden Eingaben einfach entfernt werden. Alternativ dazu können geeignete Imputing-Strategien angewandt werden, indem bei quantitativen Daten fehlende Einträge beispielsweise durch Mittelwert oder Median ersetzt werden. Bei Zeitreihen kann der Mittelwert zwischen dem Vorgänger und Nachfolger verwendet werden. Wenn bereits Wissen über kausale Zusammenhänge vorliegt, können intelligentere Imputing-Verfahren angewandt werden. Beim K-Nearest-Neighbours-Imputing beispielsweise wird der Mittelwert oder Median von den dem Wert K nächsten Nachbarn übernommen.

Datenbereinigungstechniken

Vorgehensweise

1. Konsistenz der Einträge prüfen und korrigieren
2. Falsche Beobachtungen korrigieren
3. Ausreißer behandeln
4. Fehlende Einträge finden und korrigieren

Kundenrückmeldung E-Bike-Test

Datensatz vor Bereinigung

Fahrstrecke	Akkukapazität	Motorgeräusche	Bundesland
23 km	**71 %**	**OK**	Tirol
4753 m	0,0086	leise	Kärnten
45,35 km	**32 %**	**MITTEL**	Salzburg
32,4 km	0,69	mittel	
12,92 km	0,82	laut	Kärnden

Datensatz nach Bereinigung

Fahrstrecke	Akkukapazität	Motorgeräusche	Bundesland
23,00	**0,71**	**mittel**	Tirol
4,75	0,86	leise	Kärnten
45,35	**0,32**	**mittel**	Salzburg
32,4	0,69	mittel	**fehlt**
12,92	0,82	laut	Kärnten

Bei der Produkteinführung von E-Bikes wird Ladenbesitzern die Möglichkeit gegeben, neue Produkte zu testen. Nach dem Test füllen sie einen Bogen zur Kundenrückmeldung aus. Die dabei abgegebenen Tabelleneinträge sind inkonsistent und müssen korrigiert werden: Streckenangaben werden auf gleiche Einheiten bezogen, relative Werte dezimal umgerechnet, qualitative Merkmale vereinheitlicht. Da in einem Datensatz die Angabe zum Bundesland fehlt, wird der fehlende Eintrag mit „fehlt" gekennzeichnet.

Nutzen

Mit einem sorgfältig bereinigten Datensatz können oft auch einfache Algorithmen beeindruckende Ergebnisse erzielen. Es werden Fehlinterpretationen oder falsche Modelle vermieden.

Praxistipp

Im späteren Projektstadium sind die Zusammenhänge zwischen einzelnen Merkmalen besser bekannt, sodass umfassendere Rekonstruktionen möglich werden.

7.2 Relevante Features auswählen und konstruieren

Worum geht es?

Die Aufgabe besteht darin, aus dem bestehenden Datensatz die relevanten Größen auszuwählen und bei Bedarf zusätzliche Merkmale zu berechnen, die später als Features für ein Machine-Learning-Modell verwendet werden. Die Konstruktion von zusätzlichen Features umfasst beispielsweise das Hinzufügen von quadratischen Termen oder Wechselwirkungsfeatures, die durch Multiplikation von zwei Merkmalen entstehen.

Wie gehe ich vor?

1. Irrelevante Merkmale beseitigen: Irrelevante Merkmale machen den Datensatz unnötig groß und erhöhen die Bearbeitungszeiten. Der einfachste Weg, unnötige Merkmale zu beseitigen, besteht darin, gemeinsam mit den Domänenexperten Merkmale ohne kausalen Zusammenhang zu den Zielgrößen zu entfernen.

2. Merkmale mit geringer Varianz entfernen: Wenn ein Merkmal keine Varianz aufweist, d.h. die Werte nicht oder kaum variieren, kann ein Machine-Learning-Algorithmus den Einfluss dieses Merkmals nicht bestimmen.

3. Daten mit hoher Korrelation zusammenführen: Kollinearität (lineare Abhängigkeit) zwischen zwei Features soll vermieden werden, weil bei stark korrelierten Features nicht gelernt werden kann, welchem Merkmal die Wirkung zuzuordnen ist. Zur Vermeidung wird üblicherweise ein Merkmal entfernt.

4. Zusätzlich notwendige Features konstruieren: Je nach Use Case und den logischen Zusammenhängen in den Produkten oder Prozessen kann es notwendig sein, auch Terme höherer Ordnung, Wechselwirkungen oder andere logische Verknüpfungen von Merkmalen als Features zu generieren. Um beispielsweise eine Wechselwirkung der beiden Features A und B zu generieren, wird eine neue Spalte erzeugt, die das Produkt von A und B enthält. Damit kann modelliert werden, dass der Effekt von A auf die Zielgröße auch von der Ausprägung des Faktors B abhängt.

5. Spärliche Klassen zusammenführen: Wenn ein qualitatives Merkmal Klassen mit geringer Häufigkeit aufweist, so werden diese als spärliche Klassen bezeichnet. Diese erschweren die Verallgemeinerung von Eigenschaften, und daher kann es notwendig sein, mehrere Klassen mit ähnlicher Aussage zusammenzufassen.

6. Optimale Teilmenge von Features auswählen: Für eine Modellierung mit definierter Genauigkeit kann eine Teilmenge von Features ausreichend sein. Basierend auf einem Schwellenwert für die erforderliche Genauigkeit des Modells wird z.B. der kleinste Feature-Satz ausgewählt, der diese Anforderung erfüllt.

Mathematisches Feature Engineering

Vorgehensweise

1. Irrelevante Merkmale beseitigen
2. Merkmale mit geringer Varianz entfernen
3. Daten mit hoher Korrelation zusammenführen
4. Zusätzlich notwendige Features konstruieren
5. Spärliche Klassen zusammenführen
6. Optimale Teilmenge von Features auswählen

Abschätzung Ladezustand

Anwendung	1 ~~Nutzer~~	1 ~~Ort~~	Strom I / mA	Nutzungszeit t / h	4 Ladung Q / mAh
Stand-by	–	~~Rovinj~~	11	18,5	203,5
E-Mail	~~Oliver~~	~~Rovinj~~	19	1,7	32,3
GPS	~~Manfred~~	~~Rovinj – Pula~~	287	1,2	344,4
Internet	~~Manfred~~	~~Pula~~	24	2,4	57,6
GPS	~~Oliver~~	~~Pula – Rovinj~~	287	0,3	86,1
GPS	~~Oliver~~	~~Rovinj Stadt~~	287	0,3	86,1
E-Mail	~~Thomas~~	~~Rovinj~~	19	0,8	15,2

Zur Prognose des Ladezustands eines Handy-Akkus wird aufgezeichnet, welcher Nutzer an welchem Ort welche App nutzt. Außerdem ist der mittlere Stromverbrauch der verfügbaren Apps bekannt. Für die zu lösende Aufgabe sind der Nutzer und der Ort der Nutzung nicht relevant, beide Größen werden aus dem Datensatz entfernt. Zur Abschätzung des Ladezustands ist das Produkt von Strom und Nutzungsdauer relevant. Dieses Produkt kann bei einem linearen Modell nicht bestimmt werden. Es wird deshalb die Ladung $Q = I \cdot t$ als weiteres Feature aufgenommen.

Nutzen

Das Streichen irrelevanter und das Konstruieren erforderlicher Features führt im Machine Learning zu einfachen und robusten Modellen. Den Algorithmen werden nur die notwendigen Informationen zur Verfügung gestellt.

Praxistipp

Feature Engineering muss gemeinsam mit den Domänenexperten durchgeführt werden. Nur sie haben das erforderliche Prozesswissen, mit dem Features generiert und/oder entfernt werden können.

7.3 Features codieren

Worum geht es?

Die Codierung von Features ist oftmals die Voraussetzung dafür, dass Machine-Learning-Algorithmen überhaupt verwendet werden können. Die meisten Algorithmen brauchen eine numerische Darstellung von Informationen, sodass qualitative Merkmale mit geeigneten Methoden in numerische Formate überführt werden müssen. Quantitative Merkmale wiederum müssen über Standardisierung und Normalisierung codiert werden, damit leistungsfähige Modelle generiert werden können.

Wie geht man vor?

1. **Quantitative Merkmale standardisieren:** Wenn der Wertebereich von Rohdaten stark variiert, funktionieren manche Algorithmen wie beispielsweise die distanzbasierten Cluster-Algorithmen oder die Mehrzieloptimierung nicht mehr ordnungsgemäß. Nach der Feature-Standardisierung haben alle Features einen Mittelwert von Null und eine Einheitsvarianz.
2. **Quantitative Merkmale normieren:** Eine Alternative besteht darin, die Features so zu skalieren, dass sie zwischen einem bestimmten Minimal- und Maximalwert liegen, wobei sehr oft Null und Eins gewählt wird. Ein Nachteil der Normierung im Gegensatz zur Standardisierung liegt darin, dass das Ergebnis stark von Ausreißern abhängt, weil für die Berechnung lediglich der Maximal- und Minimalwert entscheidend sind.
3. **Ordinal Encoding ordinaler Merkmale:** Beim Ordinal Encoding, das für ordinale Merkmale anzuwenden ist, werden allen Ausprägungen eindeutige Zahlen zugewiesen. Beispielsweise werden den Schulnoten von „sehr gut" bis „nicht genügend" die entsprechenden Zahlen 1 – 5 zugewiesen.
4. **One Hot Encoding nominaler Merkmale:** Bei nominalen Merkmalen ist One Hot Encoding anzuwenden. Hier wird für jede Merkmalsausprägung (Klasse) eine Spalte generiert. Sie weist den Wert 1 auf, wenn die Merkmalsausprägung der Spalte entspricht, ansonsten ist der Wert 0. Damit kann der Einfluss jeder Merkmalsausprägung gesondert in ein Prognosemodell einfließen. Allerdings wird die Anzahl der Spalten bei Merkmalen mit vielen Klassen sehr hoch, und daher lohnt es sich in diesem Fall zu prüfen, ob eine Zusammenführung von Klassen sinnvoll ist.
5. **Kontinuierliche Merkmale diskretisieren:** Manchmal kann es notwendig sein, quantitative Merkmale in Klassen einzuteilen. Das wird auch als Binning bezeichnet. Durch die Einteilung in Klassen geht jedoch Information verloren, sodass dies nur dann durchzuführen ist, wenn es für den Machine-Learning-Algorithmus unbedingt notwendig ist.

Encoding-Techniken

Vorgehensweise

1. Quantitative Merkmale standardisieren
2. Quantitative Merkmale normieren
3. Ordinal Encoding ordinaler Merkmale
4. One Hot Encoding nominaler Merkmale
5. Kontinuierliche Merkmale diskretisieren

E-Bike-Test

Datensatz nach Bereinigung

Fahrstrecke	Akkukapazität	Motorgeräusche	Bundesland
23,00	0,71	mittel	Tirol
4,75	0,86	leise	Kärnten
45,35	0,32	mittel	Salzburg
32,4	0,69	mittel	Fehlt
12,92	0,82	laut	Kärnten

Codierter Datensatz

1 Fahrstrecke	2 Akkukapazität	3 Motorgeräusche	4 Bundesland
–0,043	0,71	0	0 0 1
–1,186	0,86	+1	0 1 0
1,357	0,32	0	1 0 0
0,546	0,69	0	0 0 0
–0,674	0,82	–1	0 1 0

Der Datensatz zum E-Bike-Test wird für die Anwendung im Machine Learning codiert. Die Fahrstrecke ist eine stetige Größe ohne natürliche Grenzen, sie wird standardisiert. Die Akkukapazität liegt immer zwischen null und eins, sie ist also bereits normalisiert. Die Angaben zu den Motorgeräuschen sind ordinal, mit steigender Zahl werden die Motorgeräusche angenehmer. Das Bundesland, in dem der Test stattgefunden hat, ist ein qualitatives nominales Merkmal, das über One Hot Encoding abgebildet wird.

Nutzen

Das Codieren von Daten ist die Voraussetzung dafür, dass Machine-Learning-Algorithmen überhaupt arbeiten können, und ermöglicht leistungsfähigere Modelle.

Praxistipp

One Hot Encoding führt zu Datensätzen hoher Dimension. Deshalb ist bei nominalen Merkmalen unbedingt zu prüfen, ob eine Zusammenführung von Klassen möglich oder sinnvoll ist.

7.4 Daten komprimieren (Dimension reduzieren)

Worum geht es?

Die Hauptkomponentenanalyse (Principal Component Analysis, PCA) ist ein mathematisches Verfahren, um eine Vielzahl von Eingangsgrößen zu wenigen Hauptkomponenten (Principal Components) zusammenzufassen. Damit kann die Anzahl der Merkmale (Dimensionen) reduziert werden, was den Nutzen hat, dass das Modell robuster wird und Rechenzeit eingespart werden kann. Sie kann auch dazu verwendet werden, um Ausreißer zu erkennen. Die PCA konstruiert neue Komponenten (Features), die aber nicht mehr intuitiv zu interpretieren sind. Die PCA wird deshalb bevorzugt eingesetzt, wenn die physikalische Bedeutung von Features wenig relevant ist (beispielsweise bei Bilderkennung).

Wie geht man vor?

1. Hauptkomponenten bestimmen: Das Ziel der PCA besteht darin, die Anzahl der Merkmale zu reduzieren und dennoch einen möglichst großen Anteil der Varianz (Streuung) aller Merkmale zu erklären. Dazu identifiziert die PCA in einem Datensatz die Richtung maximaler Varianz. Es kommt zu einer Koordinatentransformation, bei der die neuen Koordinaten mit steigender Ordnung immer weniger Varianz aufweisen. Die ermittelten Koordinaten repräsentieren die neuen Komponenten und werden entsprechend als PC1 (Principal Component 1), PC2 usw. bezeichnet.

2. Varianzaufklärung berechnen: Im nächsten Schritt wird der Beitrag der einzelnen neuen Komponenten zur Erklärung der gesamten Varianz im Datensatz berechnet. Dies wird in Form eines Säulendiagramms oder Pareto-Diagramms dargestellt. Man kann dann beispielsweise erkennen, dass die ersten beiden Hauptkomponenten PC1 und PC2 bereits 60 % der gesamten Varianz abbilden.

3. Erforderliche Varianzaufklärung festlegen: Gemeinsam mit den Domänenexperten und IT-Spezialisten kann nun diskutiert und festgelegt werden, wieviel Prozent der gesamten Varianz man im Datensatz abbilden möchte. Zum einen muss der Datensatz immer noch in der Lage sein, die Prognoseaufgabe zu erfüllen, auf der anderen Seite gibt es einen Bedarf an Dimensionsreduktion, der sich üblicherweise aus den Themen Rechenzeit bzw. Computing-Power in der Lern-, aber auch später in der Inferenz-Phase ergibt.

4. Erforderliche Hauptkomponenten festlegen: Darauf basierend kann man die notwendige Anzahl an Hauptkomponenten festlegen, und man wird (hoffentlich) feststellen, dass man die Dimension (Anzahl der Komponenten bzw. Features) signifikant senken konnte. Später in der Modelliteration wird ersichtlich, ob man die richtige Entscheidung getroffen hat und ob man eventuell wieder zu dieser Stelle zurückkommen muss.

Vorgehensweise

1. Hauptkomponenten bestimmen
2. Varianzaufklärung berechnen
3. Erforderliche Varianzaufklärung festlegen
4. Erforderliche Hauptkomponenten festlegen

Spritzgussprozess

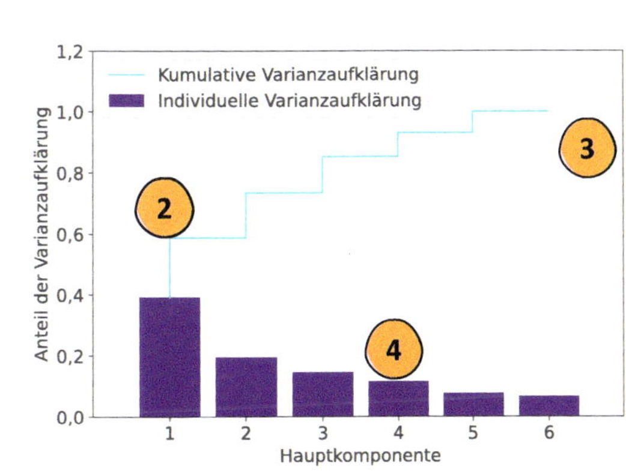

1

$$PCA_1 = -3{,}508 \cdot 10^{-18} - 0{,}210 \cdot x_1 - 0{,}145 \cdot x_2 - 0{,}169 \cdot x_3 - 0{,}198 \cdot x_4 - 0{,}038 \cdot x_5 - 0{,}115 \cdot x_6 - 0{,}209 \cdot x_7 - 0{,}244 \cdot x_8$$
$$- 0{,}253 \cdot x_9 - 0{,}279 \cdot x_{10} - 0{,}208 \cdot x_{11} - 0{,}234 \cdot x_{12} - 0{,}14 \cdot x_{13} - 0{,}228 \cdot x_{14} - 0{,}236 \cdot x_{15} - 0{,}153 \cdot x_{16} - 0{,}187 \cdot x_{17}$$
$$- 0{,}172 \cdot x_{18} - 0{,}252 \cdot x_{19} - 0{,}173 \cdot x_{20} - 0{,}202 \cdot x_{21} - 0{,}197 \cdot x_{22} - 0{,}201 \cdot x_{23} - 0{,}221 \cdot x_{24} - 0{,}038 \cdot x_{25} - 0{,}126 \cdot x_{26} - 0{,}114 \cdot x_{27}$$

Zur Prognose der Masse eines Spritzgussteils werden Parameter des Spritzgussprozesses aufgezeichnet. Es entsteht ein vollquadratischer Datensatz mit 28 Features. Über die Hauptkomponentenanalyse werden die wesentlichen Features sowie deren Varianzaufklärung bestimmt. Es zeigt sich, dass sechs Features ausreichen, um die Varianz des Datensatzes nahezu komplett abzudecken. Die gezeigte Gleichung für die erste Hauptkomponente zeigt aber auch, dass das Regressionsergebnis wegen der Kombination aller Eingangsgrößen nicht mehr intuitiv interpretiert werden kann.

Nutzen

Die PCA ist ein Verfahren, um eine Vielzahl von Eingangsgrößen zu wenigen Hauptkomponenten (Principal Components) zusammenzufassen. Dadurch wird das Modell robuster, und es lässt sich Rechenzeit sparen.

Praxistipp

Die PCA konstruiert neue Komponenten (Features), die aber nicht mehr intuitiv zu interpretieren sind. Die PCA wird deshalb bevorzugt eingesetzt, wenn die physikalische Bedeutung von Features wenig relevant ist (beispielsweise bei Bilderkennung).

7.5 Zeitreihen vorverarbeiten

Worum geht es?

Zeitreihen weisen neben der Ausprägung des Merkmals (z. B. die Härte eines Werkstoffes) zusätzlich die Information über den Zeitpunkt auf, an dem die Daten entstanden sind. Üblicherweise werden die Datenpunkte in regelmäßigen Abständen aufgezeichnet, z. B. in Minuten, Stunden, Tagen oder Monaten. Entscheidend ist die Reihenfolge der Beobachtungen, weil diese dazu genutzt wird, die Beziehungen zwischen vergangenen und zukünftigen Werten zu analysieren. Die Vorverarbeitung von Zeitreihen ist ein wesentlicher Schritt vor der Analyse.

Wie geht man vor?

1. Zeitformat vereinheitlichen: Dies kann beispielsweise notwendig sein, weil die Daten aus unterschiedlichen Zeitzonen stammen.

2. Geeignetes Abtastintervall festlegen: Zeitreihen entstehen durch die Abtastung von Signalen in zeitkontinuierlichen Vorgängen. Werden die Vorgänge nicht ausreichend schnell abgetastet, kann das zugrundeliegende Signal nicht rekonstruiert und bewertet werden. In der Praxis kann davon ausgegangen werden, dass die Abtastfrequenz fünfmal so groß sein muss wie die maximale Frequenz des Signals. Soll also zum Beispiel ein periodischer Vorgang mit einer Periodendauer von zehn Sekunden erfasst werden, müssen pro Periode fünf Abtastwerte erfasst werden: Die Abtastzeit beträgt damit 10/5 = 2 Sekunden.

3. Resampling und Imputing durchführen: Liegen Zeitreihen mit unterschiedlichen Abtastzeiten vor, müssen die Zeitreihen auf einheitliche Abtastwerte gebracht werden. Liegt zum Beispiel ein Signal als Wochenmittelwert und ein anderes Signal als Tageswert vor, werden alle Tageswerte des zweiten Signals zu einem Wochenmittelwert verrechnet (Downsampling). Umgekehrt können zum Beispiel die Temperaturen eines Wochentages aus dem Wochenmittelwert übernommen werden, wenn keine zusätzlichen Informationen bekannt sind (Upsampling). Diese Verfahren können auch zur Rekonstruktion fehlender Einträge eingesetzt werden (Imputing). Beim sogenannten Lag-N Imputing wird ein N Abtastintervalle zurückliegender Abtastwert an die aktuelle fehlende Position kopiert. Bei periodischen Zeitreihen wird der Wert N genau so gewählt, wie die Periode des Signals ist.

4. Zeitreihe filtern: Bei der Erfassung von Zeitreihen auftretende Störungen (Rauschen) können durch eine gleitende Mittelung reduziert werden. Bei der gleitenden Mittelung werden zufällige Fehler nach oben und unten miteinander verrechnet. Das gefilterte Signal weist weniger Störungen auf als das bei der Messung entstandene Signal.

Resampling und Imputing-Verfahren für Zeitreihen

Vorgehensweise

1. Zeitformat vereinheitlichen
2. Geeignetes Abtastintervall festlegen
3. Resampling und Imputing durchführen
4. Zeitreihe filtern

Imputing bei periodischen Zeitreihen

3

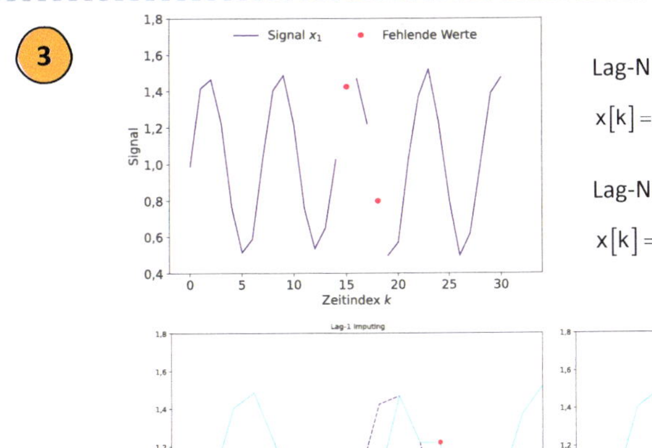

Lag-N Imputing mit N = 1

$$x[k] = x[k-1]$$

Lag-N Imputing mit N = 7

$$x[k] = x[k-7]$$

Eine Bäckereikette benötigt zur Prognose des Absatzes von Brötchen ein Machine-Learning-Modell. An Samstagen ist der Absatz von Brötchen besonders hoch, an Sonntagen wegen der reduzierten Öffnungszeiten besonders klein. Aufgrund eines Rechnerproblems fehlen zwei Abtastwerte, die rekonstruiert werden müssen. Zur Rekonstruktion wird Lag-N Imputing verwendet: ein N Abtastintervalle zurückliegender Abtastwert wird an die fehlende Position kopiert. Bei periodischen Zeitreihen wird der Wert N so gewählt, wie die Periode des Signals ist. In dem Beispiel beträgt die Periodendauer sieben Tage, deshalb wird N = 7 gewählt.

Nutzen

Bei Zeitreihen ist die Reihenfolge der Werte entscheidend, weil diese dazu genutzt wird, die Beziehungen zwischen vergangenen und zukünftigen Werten zu analysieren. Die Vorverarbeitung von Zeitreihen ist ein wesentlicher Schritt vor dieser Analyse.

Praxistipp

Weisen Zeitreihen starke Streuungen auf, sollte eine Filterung mit einem Mittelwertfilter eingesetzt werden.

08 Lösungen ausarbeiten und bewerten

Wenn die erforderliche Datenqualität sichergestellt ist, kann man damit beginnen, die entsprechenden Lösungen auszuarbeiten und zu bewerten. Hier ist zu unterscheiden, ob es sich um Visualisierungslösungen im Sinne der deskriptiven Statistik handelt oder ob eine Machine-Learning-Lösung im Sinne eines prädiktiven Modells zu erarbeiten ist.

Für Visualisierungslösungen sind in dieser Phase folgende Schritte typisch:

- Visualisierungslösung designen
- Dashboard-Lösung ausarbeiten

Handelt es sich um eine Visualisierungslösung, so ist diese mit den späteren Anwendern auszuarbeiten: Welche Informationen werden in welcher Form für welche Personen in welcher Situation zur Verfügung gestellt?

Nach dem Design der Lösung kann die technische Realisierung gestartet und beispielsweise eine entsprechende interaktive Dashboard-Lösung ausgearbeitet werden.

Für prädiktive Modelle sind folgende Schritte typisch:

- Test- und Tuning-Strategie festlegen
- Modelle trainieren, tunen und bewerten
- Bestes Modell auswählen

Werden Prädiktionsmodelle trainiert, so ist im Bereich des Supervised Learning die dahinterliegende Test- und Tuning-Strategie festzulegen. Danach werden unterschiedliche Modelle bewertet und miteinander verglichen, und es wird das optimale Modell ausgewählt, wobei hier neben Performance-Kriterien auch Aspekte wie Einfachheit, Verständlichkeit und einfache Produktivsetzung zu berücksichtigen sind.

Im vornherein ist es unmöglich und auch gar nicht notwendig, das „richtige" Modell auszuwählen. In gängigen Software-Lösungen für Machine Learning stehen mehr oder weniger auf Knopfdruck die Algorithmen zur Verfügung. Wenn es die Rechenzeit zulässt, werden die gängigsten Algorithmen „ausprobiert" und der mit der besten Performance ausgewählt.

Unter dem Stichwort „Auto ML" werden Software-Lösungen angeboten, welche die für die Aufgabenstellung möglichen Modelle automatisch auswählen, trainieren, bewerten und das beste Modell ermitteln. Dies ist auf der einen Seite bequem, aber auf der anderen Seite auch gefährlich, wenn das notwendige Hintergrundwissen für das Machine-Learning-Verfahren nicht gegeben ist. Die Mindestanforderung für die erfolgreiche Anwendung eines Algorithmus ist ein ausreichendes Verständnis für das grundsätzliche Prinzip des Algorithmus und ein Wissen über die entsprechenden Hyperparameter. Dies sind Parameter, die dazu dienen, einen Machine-Learning-Algorithmus zu konfigurieren, und die vom Anwender festzulegen sind.

8.1 Visualisierungslösungen designen

Worum geht es?

Eine geeignete Visualisierung erleichtert den Menschen die Aufnahme und Verarbeitung von Informationen, sie erhöht die Akzeptanz der angebotenen Informationen, fördert die Verständlichkeit und lenkt die Aufmerksamkeit auf das Wesentliche. Gute Visualisierungslösungen bringen Licht in datenbezogene Trends, Muster und Anomalien und ermöglichen es den Benutzern, schnell auf veränderte Situationen zu reagieren. Sie fördern somit eine datengesteuerte Kultur innerhalb der Organisation.

Bei der konkreten Ausarbeitung der Visualisierungslösung ist es zu Beginn am wichtigsten, die späteren Anwender intensiv miteinzubeziehen. Als Hilfe beim Design von Visualisierungslösungen hat sich die PSA-Methode bewährt, wobei die Abkürzung für Person – Situation – Aufgabe steht.

Wie geht man vor?

1. Personen beschreiben: Zunächst ist zu klären, für welche Personen die Lösung entwickelt werden soll und welchen theoretischen und praktischen Hintergrund diese haben.

2. Situation präzisieren: Hier geht es darum, die Situation nochmals im Detail zu beschreiben, in der sich die Personen befinden, einschließlich wieviel Stress und Zeit beispielsweise die Personen haben, wenn sie sich die Visualisierungslösung ansehen. Zur Situation gehören auch die Umgebungsbedingungen wie Lärm, Staub und Hitze, weil auch diese Faktoren die Lösung später beispielsweise in der Hardware-Ausgestaltung beeinflussen.

3. Aufgabe klären: Es lohnt, sich an dieser Stelle nochmals die Aufgabe des Anwenders in Erinnerung zu rufen, die durch die Visualisierungslösung unterstützt bzw. ermöglicht werden soll. Hier sollte im Rahmen der Use-Case-Beschreibung ausreichend Vorarbeit geleistet worden sein.

4. Lösung entwerfen: Unter Design versteht man die Ausgestaltung der Visualisierungslösung, beispielsweise welche Farben und welche Diagrammtypen man verwenden möchte. Hierbei sind drei wesentliche Prinzipien einzuhalten:

- Das Minimalprinzip, nur diejenigen Informationen darzustellen, die für die jeweilige Aufgabe notwendig sind.
- Das Authentizitätsprinzip, Informationsgehalte nicht verzerrt oder verfälscht darzustellen.
- Das Konsistenzprinzip, gleiche Informationen immer wieder in gleicher Art und Weise darzustellen.

5. Mock-up realisieren, testen und verbessern: Um schnell zu lernen, ob das Design den Erwartungen entspricht, muss den Anwendern möglichst zeitnah ein erster physischer Eindruck der Lösung in der Form eines Mock-ups zur Verfügung gestellt werden.

PSA-Modell mit drei Prinzipien

Vorgehensweise

1. Personen beschreiben
2. Situation präzisieren
3. Aufgabe klären
4. Lösung entwerfen
5. Mock-up realisieren, testen und verbessern

Computer-Vision-System Getriebemontage

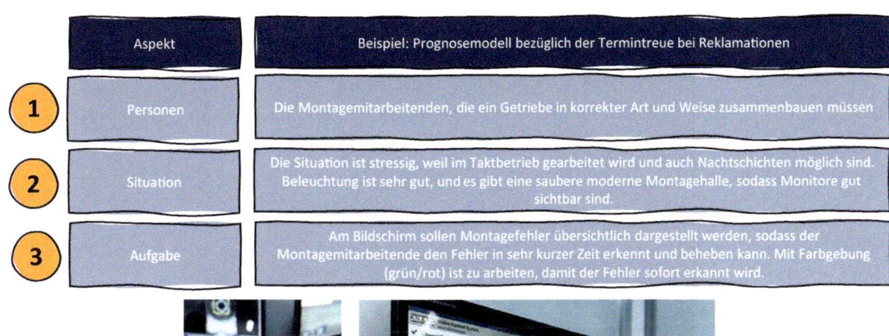

	Aspekt	Beispiel: Prognosemodell bezüglich der Termintreue bei Reklamationen
1	Personen	Die Montagemitarbeitenden, die ein Getriebe in korrekter Art und Weise zusammenbauen müssen
2	Situation	Die Situation ist stressig, weil im Taktbetrieb gearbeitet wird und auch Nachtschichten möglich sind. Beleuchtung ist sehr gut, und es gibt eine saubere moderne Montagehalle, sodass Monitore gut sichtbar sind.
3	Aufgabe	Am Bildschirm sollen Montagefehler übersichtlich dargestellt werden, sodass der Montagemitarbeitende den Fehler in sehr kurzer Zeit erkennt und beheben kann. Mit Farbgebung (grün/rot) ist zu arbeiten, damit der Fehler sofort erkannt wird.

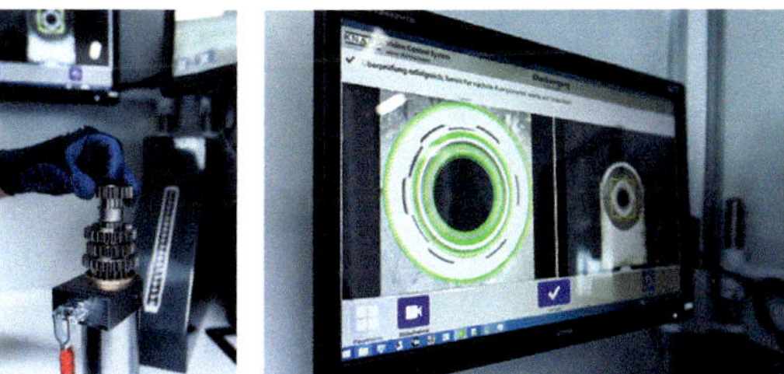

Eine Kamera beurteilt kontinuierlich die aktuell erzeugte Qualität. Sie vergleicht online den Ist-Zustand mit der Vorgabe und kann damit nicht nur den gemachten Fehler aufzeigen, sondern auch den weiteren Materialfluss unterbinden, indem sie dem automatisierten Bereitstellungssystem keine Freigabe erteilt. Entsprechend der PSA-Analyse wird eine Monitorlösung ausgearbeitet, die dem Montagemitarbeitenden auch in der Nachtschicht zeitnah und sehr anschaulich den Fehler darstellt.

Nutzen

Visualisierung erleichtert den Menschen das Verstehen von Informationen. Es werden Trends, Muster und Anomalien in Daten erkannt. Dadurch können Menschen schnell auf Veränderungen reagieren.

Praxistipp

Bei der Ausarbeitung der Lösung müssen die Anwender intensiv einbezogen werden. Mock-ups ermöglichen einen schnellen Lern- und Anpassungsprozess, bevor mit der finalen technischen Realisierung begonnen wird.

8.2 Dashboard-Lösungen ausarbeiten

Worum geht es?

Nachdem die Visualisierungslösung designt und erfolgreich getestet wurde, wird diese in den meisten Fällen als Dashboard-Lösung realisiert werden. Dashboards sind grafische Benutzeroberflächen, welche komplexe Datenmengen in visuell ansprechender und leicht verständlicher Form darstellen. Sie fungieren als interaktive Werkzeuge, die Entscheidungsträgern neue Einsichten bieten, indem die Daten beispielsweise durch geeignete Filter in einfacher Art und Weise analysiert werden können.

Wie geht man vor?

1. **Datenquellen konfigurieren:** Bevor überhaupt Daten angezeigt werden können, müssen in der gewählten Visualisierungslösung die Datenquellen konfiguriert werden. Dabei werden die Verbindungen zu verschiedenen Datenbanken, Cloud-Services oder internen Servern definiert, Zugangsdaten oder API-Schlüssel zur Authentifizierung hinterlegt und weitere Parameter eingestellt.

2. **Software auswählen und Dashboard erstellen:** Hier besteht die Aufgabe darin, sich für eine geeignete Software-Lösung (z. B. Grafana) zu entscheiden und im Rahmen der damit festgelegten Möglichkeiten die Anordnung von Datenvisualisierungen wie Diagramme, Tabelle und Kennzahlen endgültig festzulegen. Grafana beispielsweise ermöglicht es, Zeitreihendaten übersichtlich zu visualisieren.

3. **Zeitbereiche und Filter definieren:** Die Definition von Zeitbereichen und Filtern gibt Benutzern die Flexibilität, die angezeigten Daten nach bestimmten Kriterien zu segmentieren und damit entsprechend zu analysieren.

4. **Anmerkungen und Alarme erstellen:** Mit Alarmen können automatisiert Benachrichtigungen erstellt werden, wenn Daten einen bestimmten Schwellenwert erreichen. Sie informieren Benutzer in Echtzeit über wichtige Veränderungen in den Daten.

5. **Finetuning (Farben & Interaktionen):** Farben spielen eine wichtige Rolle, um Aufmerksamkeit zu lenken und Informationen hervorzuheben. Interaktionen wie Hover-Effekte, Drill-downs und Zoomen erlauben bei der Benutzung, mit dem Dashboard zu interagieren und tiefere Einblicke in die Daten zu erhalten. Das Feintuning sorgt dafür, dass das Dashboard nicht nur funktional, sondern auch intuitiv und ansprechend ist.

6. **Dashboard bereitstellen und Zugriff definieren:** Nachdem das Dashboard entwickelt wurde, muss es den Endbenutzern zur Verfügung gestellt und festgelegt werden, wer Zugriff auf das Dashboard hat und welche Berechtigungen jeder Benutzer bekommt.

Grafana

Vorgehensweise

1. Datenquellen konfigurieren
2. Software auswählen und Dashboard erstellen
3. Zeitbereiche und Filter definieren
4. Anmerkungen und Alarme erstellen
5. Finetuning (Farben & Interaktionen)
6. Dashboard bereitstellen und Zugriff definieren

Überwachung einer Photovoltaikanlage

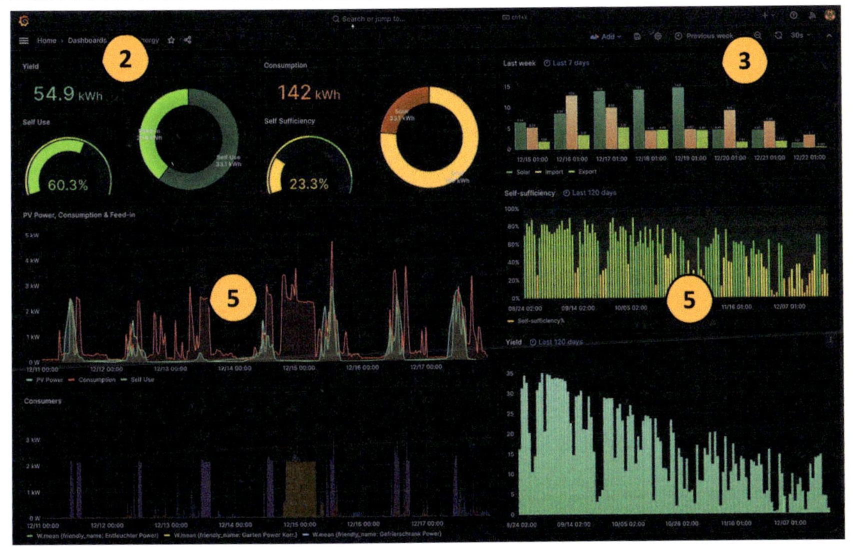

Das Beispiel demonstriert, wie Leistung und Effizienz einer Photovoltaikanlage mittels Grafana visualisiert werden. Grafana ermöglicht es, in der Konfiguration eines Dashboards verschiedene Zeiträume zu analysieren und Statistiken, beispielsweise der letzten sieben Tage oder vier Monate, zu integrieren. Das Dashboard hilft dabei, die Entwicklung der Leistung über verschiedene Jahreszeiten hinweg zu verfolgen und den Deckungsgrad des Strombedarfs durch Solarenergie zu bestimmen.

Nutzen

Dashboards können komplexe Datenmengen in visuell ansprechender und leicht verständlicher Form darstellen. Sie fungieren als interaktive Werkzeuge und bieten beispielsweise durch Filter die Möglichkeit, Daten zielgerichtet zu analysieren.

Praxistipp

Mit interaktiven Elementen wie Auswahllisten können Dashboards flexibel gestaltet werden (z. B. über mehrere Standorte). Mit der Alarmfunktion kann zeitnah auf eine Änderung in den Daten reagiert werden.

8.3 Test- und Tuning-Strategie festlegen

Worum geht es?

Beim Training von Prädiktionsmodellen besteht das Risiko, dass ein Modell die Trainingsdaten auswendig lernt und damit nicht in der Lage ist, auf unbekannte Daten zu verallgemeinern. Dies wird als Overfitting bezeichnet und kann insbesondere dann auftreten, wenn das gewählte Modell im Verhältnis zur Größe des Datensatzes zu komplex ist. Erkennen kann man Overfitting daran, dass ein Modell zwar im Training gut abschneidet, aber nicht bei neuen Daten. Daher gilt der Grundsatz, dass die Modellbewertung immer anhand eines neuen Datensatzes durchzuführen ist und damit die vorliegenden Daten in einen Trainings- und Testdatensatz aufgeteilt werden müssen. Zusätzlich sind zur Anpassung eines Modells an die vorliegende Aufgabenstellung die optimalen strukturellen Einstellungen von Algorithmen (Hyperparameter) zu finden. Diese Aufgabe wird als Modelltuning bezeichnet.

Wie geht man vor?

1. **Stratifizierungskonzept festlegen:** Zunächst ist zu entscheiden, ob beim Splitten der Daten zufällig vorgegangen wird oder ob Stratifizierung genutzt wird, indem beispielsweise festgelegt wird, dass bestimmte Feature-Ausprägungen (Klassen) der Eingangsdaten in jedem Split gleich oft vorkommen sollen.
2. **Testdaten abspalten:** In der Praxis hat es sich bewährt, 20 % der Daten als Testdaten abzuspalten, die später nach dem Tuning des Modells für das Testen der Performance des Modells herangezogen werden. Die restlichen 80 % der Daten verbleiben als Trainingsdatensatz, mit denen gleichzeitig ein Hyperparameter-Tuning stattfinden kann.
3. **Strategie für Modell-Tuning festlegen:** Bei der systematischen Suche nach der besten Hyperparameterkombination besteht die einfachste Strategie darin, ein Netz der möglichen Kombinationen aufzuspannen und alle zu validieren (Grid Search). In der Praxis hat es sich bewährt, die Validierung der unterschiedlichen Hyperparametereinstellungen mithilfe von K-Fold (k-fache Kreuzvalidierung) durchzuführen. Dazu wird der Trainingsdatensatz in k gleiche Partitionen unterteilt, die zyklisch für Training und Validierung verwendet werden. Wählt man für k die Zahl 5, so bedeutet dies, dass jede Hyperparameterkombination fünfmal trainiert und validiert wird. Das erste Modell wird somit mit der 5. Partition validiert und mit den ersten vier Partitionen trainiert. Das zweite Modell wird mit der 4. Partition validiert usw. Es wird sowohl die durchschnittliche Performance der unterschiedlichen Modelle als auch deren Streuung berechnet und darauf basierend das beste Modell ausgewählt. Das dadurch gefundene Modell mit den besten Hyperparametereinstellungen wird dann sicherheitshalber mit dem verbleibenden Testdatensatz endgültig validiert.

Splitten von Daten und K-Fold-Strategie

Vorgehensweise

1. Stratifizierungskonzept festlegen
2. Testdaten abspalten
3. Strategie für Modell-Tuning festlegen

Optimale Ordnung einer Regressionsfunktion

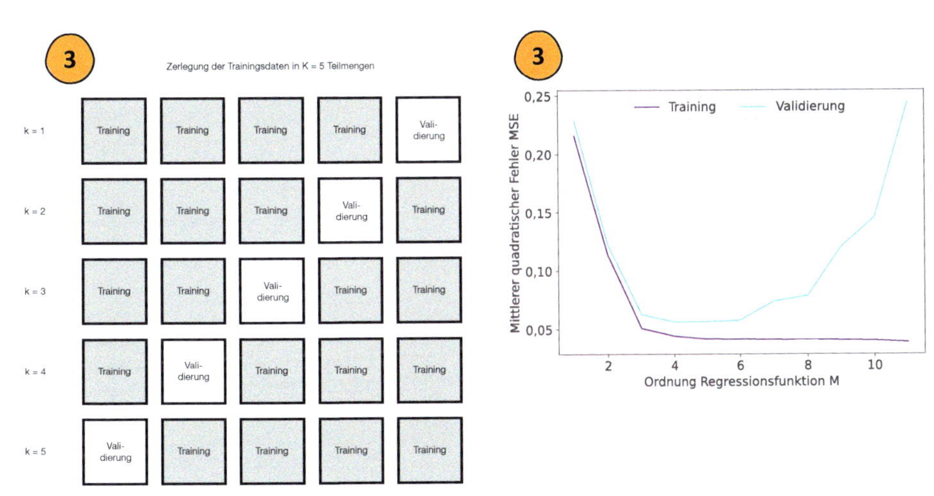

Für Training und Testen eines Regressionsmodells entschließt man sich, die Daten in 80 % Trainings- und 20 % Testdaten aufzuteilen. Der wesentliche Hyperparameter bei dieser Aufgabenstellung ist die Ordnung der Regressionsfunktion. Als Strategie für das Modell-Tuning entscheidet man sich für eine 5-fache Kreuzvalidierung. Das Modell wird für jede Ordnung der Regressionsfunktion zyklisch mit vier Folds trainiert und mit einem Fold validiert. Später beim Modell-Tuning stellt man fest, dass die Ordnung M = 5 den geringsten mittleren quadratischen Fehler (MSE) aufweist.

Nutzen

Durch eine geeignete Test- und Tuning-Strategie wird Overfitting erkannt und somit das beste Modell ermittelt. Durch eine geeignete K-Fold-Strategie werden die optimalen Einstellungen für die Hyperparameter gefunden.

Praxistipp

In der Praxis hat sich bewährt: 20 % der Daten werden als Testdatensatz abgespalten. Die restlichen 80 % der Daten verbleiben als Trainingsdatensatz, mit denen gleichzeitig mithilfe von K-Fold ein Hyperparameter-Tuning stattfindet.

8.4 Regressionsmodelle trainieren, tunen und testen

Worum geht es?

Regressionsmodelle prognostizieren quantitative Ausgangsgrößen und eignen sich besonders für die Prozessoptimierung, bei der Ausgangsgrößen wie beispielsweise Qualitätsmerkmale durch Einstellparameter auf ihren Sollwert abgeglichen werden sollen.

Wie geht man vor?

1. **Modellierung im Team vorbereiten:** Bevor mit der Modellierung begonnen werden kann, ist sicherzustellen, dass alle im Team das gleiche Verständnis haben und dass insbesondere der für die Modellierung verantwortliche Data Scientist entsprechendes Hintergrundwissen besitzt. Grundsätzlich ist ohnedies davon auszugehen, dass alle Teammitglieder von Anfang an in den Use Case eingebunden waren.

2. **Initialen Regressionsalgorithmus definieren:** Eine wesentliche Herausforderung bei Regressionsalgorithmen besteht darin, eine geeignete Regressionsfunktion und den geeigneten Regularisierungsansatz festzulegen. Derartige Ansätze regulieren (beschränken) die Größe von Regressionskoeffizienten durch entsprechende Nebenbedingungen bei der Modellierung. Die Beschränkung verhindert zu große Regressionskoeffizienten, so wie es beim Overfitting auftreten kann. Bei der Ridge-Regression werden die Koeffizientenquadrate reduziert und bei der Lasso-Regression die absolute Größe. Dies führt dazu, dass bei der Lasso-Regression Koeffizienten auch Null werden können und gar nicht in das Modell aufgenommen werden.

3. **Modell trainieren und tunen:** Gemäß der gewählten Test- und Tuning-Strategie sind die entsprechenden Modelle zu trainieren und zu tunen. Ein wichtiger Hyperparameter bei Regressionsmodellen ist die Stärke des Regularisierungsfaktors, der Werte zwischen Null (keine Regularisierung) und Eins (maximale Regularisierung) annehmen kann. Zur Bewertung der Performance von Regressionsmodellen gibt es viele verschiedene Kennwerte wie beispielsweise MSE (Mean Squared Error) oder Bestimmtheitsmaß. MSE berechnet die quadrierten Unterschiede zwischen den vorhergesagten und tatsächlichen Werten für jeden Datenpunkt. Das Bestimmtheitsmaß gibt an, wieviel Prozent der Streuung der Eingangsgrößen durch das Modell erklärt werden kann.

4. **Finales Modell mit Testdaten testen:** Zum Abschluss ist das optimal getunte Modell mit allen Trainingsdaten zu trainieren und das Ergebnis mit den Testdaten zu bewerten.

Regressionsanalyse mit Regularisierung

Vorgehensweise

1. Modellierung im Team vorbereiten
2. Initialen Regressionsalgorithmus auswählen
3. Modell trainieren und tunen
4. Finales Modell mit Testdaten testen

Spritzgrat beim Spritzguss

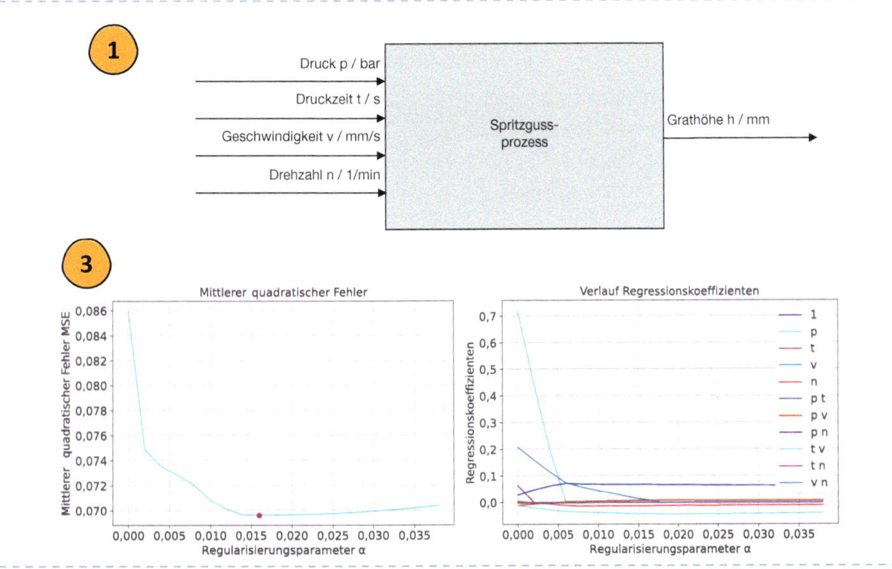

Beim Spritzgießen wird der Hohlraum eines Werkzeuges mit Kunststoff gefüllt. Der Vorgang findet bei einem Druck p sowie der Einspritzgeschwindigkeit v statt und dauert eine Zeit t. Die Förderspindel dreht mit einer Drehzahl n. Es entsteht ein Werkstück mit einem Spritzgrat h, der in dieser Anwendung modelliert wird. Für ein lineares Modell mit Wechselwirkungen wird eine Lasso-Regression durchgeführt, der Regularisierungsfaktor α wird variiert und bewertet. Der mittlere quadratische Fehler wird bei $\alpha = 0{,}035$ minimal.

Nutzen

Regressionsfunktionen beschreiben quantitative Ausgangsgrößen. Sie eignen sich besonders für die Prozessoptimierung, wenn Qualitätsmerkmale durch Einstellparameter auf ihren Sollwert abgeglichen werden sollen.

Praxistipp

Die Qualität von Regressionsfunktionen hängt wesentlich von den Features ab, die dem Algorithmus zur Verfügung stehen. Ein sorgfältiges Feature Engineering ist für eine erfolgreiche Regression unumgänglich.

8.5 Klassifizierungsmodelle trainieren, tunen und testen

Worum geht es?

Klassifizierungslösungen können für neue Daten die Klasse eines qualitativen Merkmals (wie beispielsweise gut oder schlecht) prognostizieren. In der Praxis gibt es eine Vielzahl an Klassifikationsalgorithmen wie beispielsweise Naive-Bayes-Klassifikation, Entscheidungsbäume, logistische Regression oder Support Vector Machines.

Wie geht man vor?

1. Modellierung im Team vorbereiten: Wiederum ist im Team sicherzustellen, dass das gleiche Verständnis bezüglich der zu lösenden Klassifizierungsaufgabe vorherrscht. Insbesondere ist zu überprüfen, ob tatsächlich eindeutige Zielwerte für die Fehlerraten im Konsens nach eingehender Diskussion festgelegt wurden.

2. Initialen Klassifizierungsalgorithmus auswählen: Bei der Auswahl ist das Wissen über die spezifischen Vor- und Nachteile der einzelnen Algorithmen vorteilhaft. Bei überschaubarer Rechenzeit wird man aber möglichst viele Algorithmen ausprobieren und empirisch ermitteln, welcher am besten geeignet ist.

3. Modell trainieren und tunen: Das Klassifizierungsmodell wird mit dem Lerndatensatz trainiert, und mittels K-Fold wird das optimale Hyperparameter-Setting gefunden, indem die entsprechenden Kenngrößen der Klassifizierungsaufgabe berechnet werden. Das sind primär Precision, Recall und die ROC-Kurve. Precision gibt an, in wieviel Prozent der Fälle eine Einstufung in eine bestimme Klasse (z. B. Ausschuss) korrekt war. Eine Precision von 90 % bedeutet somit, dass in 90 % der Fälle, in denen Ausschuss prognostiziert wurde, auch tatsächlich Ausschuss aufgetreten ist. Recall gibt an, in wieviel Prozent der wirklichen Ausschussfälle auch ein Ausschuss erkannt wurde.

Viele Klassifizierungsalgorithmen sind in der Lage, auch eine Wahrscheinlichkeit für die Klasse zu berechnen. Der übliche intuitive Schwellenwert für die binäre Klassifizierung beträgt 50 %: Sobald die Wahrscheinlichkeit für eine Klasse höher als 50 % ist, wird diese Klasse prognostiziert. Durch die Veränderung dieses Schwellenwertes kann ein bestehendes Modell beispielsweise hinsichtlich Precision verbessert werden, gleichzeitig leidet aber der Recall-Wert. Diese Möglichkeiten werden durch die „Receiver Operating Characteristic" (ROC) oder einfach ROC-Kurve verdeutlicht, bei denen die möglichen Werte für Precision und Recall in Abhängigkeit verschiedener Schwellenwerte dargestellt werden.

4. Finales Modell mit Testdaten testen: Der getunte Algorithmus muss mit dem finalen Testdatensatz getestet werden, um sicherzugehen, dass die Ergebnisse auch bei einem neuen Datensatz erzielt werden.

Vorgehensweise

1. Modellierung im Team vorbereiten
2. Initialen Klassifizierungsalgorithmus auswählen
3. Modell trainieren und tunen
4. Finales Modell mit Testdaten testen

Prognose einer Endprüfung von Schaltkreisen

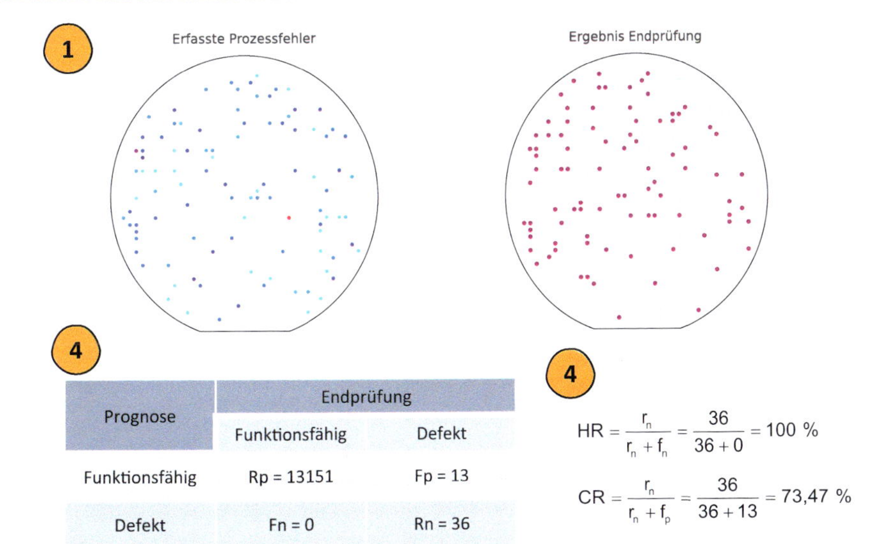

Prognose	Endprüfung	
	Funktionsfähig	Defekt
Funktionsfähig	Rp = 13151	Fp = 13
Defekt	Fn = 0	Rn = 36

$$HR = \frac{r_n}{r_n + f_n} = \frac{36}{36 + 0} = 100\ \%$$

$$CR = \frac{r_n}{r_n + f_p} = \frac{36}{36 + 13} = 73{,}47\ \%$$

Bei der Wafer-Fertigung werden Prozessfehler erfasst, sie sollen für die Prognose der Funktionstüchtigkeit von Schaltkreisen verwendet werden. Mit den Domänenexperten wird eine Hit-Rate HR (Precision) definiert. Sie gibt an, wie sicher Teile, die als defekt prognostiziert sind, wirklich defekt sind. Nachdem ein entsprechender Klassifizierungsalgorithmus ausgewählt, trainiert, getunt und bewertet wurde, wird eine Hit-Rate von 100 % erreicht. Von 49 defekten Teilen in den Testdaten wurden außerdem 36 als defekt erkannt, das entspricht einer Capture-Rate CR (Recall) von 73,47 %.

Nutzen

Klassifizierungslösungen können für neue Daten die entsprechende Klasse (wie beispielsweise gut oder schlecht) prognostizieren – und das mit einer bestimmten Wahrscheinlichkeit.

Praxistipp

Die Modelloptimierung ist stark von den Zielwerten für die unterschiedlichen Fehlerraten (Precision, Recall) abhängig. Die Ableitung der Zielwerte muss gemeinsam im Team stattfinden, und es muss entsprechend Zeit investiert werden.

8.6 Neuronale Netze trainieren, tunen und testen

Worum geht es?

Mit neuronalen Netzen können sowohl Regressions- als auch Klassifizierungsaufgaben gelöst werden. Aufgrund der Fähigkeit, mit vielen Features umzugehen, wie es beispielsweise bei der Verarbeitung von Bildern und Texten notwendig ist, besitzen sie eine herausragende praktische Bedeutung für diese Anwendungen. Neuronale Netze sind von den Rechenoperationen her im Vergleich zu allen anderen Algorithmen dem menschlichen Gehirn am nächsten, sodass bisweilen die Begriffe künstliche Intelligenz und neuronale Netze synonym verwendet werden.

Wie geht man vor?

1. Modellierung im Team vorbereiten: Nachdem neuronale Netze schwieriger zu verstehen sind, ist es sinnvoll, das Grundprinzip von neuronalen Netzen nochmals im Team zu besprechen.

2. Geeignetes neuronales Netz auswählen: Bei üblichen praktischen Anwendungen werden neuronale Netze mit vielen Neuronen und mehreren Schichten eingesetzt. Dies wird als Multi-Layer-Perzeptron oder MLP-Netz bezeichnet. In der einfachsten Form gibt es eine Eingabeschicht, eine Zwischenschicht und eine Ausgabeschicht. Zur Bildverarbeitung eignen sich besondere Netze, die als Convolutional Neural Networks (CNNs) bezeichnet werden. Wenn es zahlreiche Zwischenschichten gibt wie bei CNNs, dann wird das damit verbundene Verfahren auch als Deep Learning bezeichnet, weil tiefe neuronale Netze entstehen.

3. Modell trainieren und tunen: Für das Training von neuronalen Netzen werden mithilfe von Optimierungsalgorithmen (z. B. Gradientenabstiegsverfahren) die Gewichtungsfaktoren im neuronalen Netz so modifiziert, dass sich eine bestmögliche Übereinstimmung von prognostizierten und realen Ausgangsgrößen ergibt. Die Größe dieser Anpassung erfolgt proportional zur sogenannten Lernrate, die den wichtigsten Hyperparameter eines neuronalen Netzes darstellt. Ist die Lernrate zu groß, schwingen die Iterationsergebnisse für die Gewichte um ihr Optimum, ohne sich signifikant auf das Optimum zuzubewegen. Ist sie zu klein, sind zu viele Iterationsschritte notwendig. Insbesondere neuronale Netze weisen eine Vielzahl an weiteren Hyperparametern auf wie die Struktur des Netzes (z. B. Anzahl der Knoten und Schichten) und die Anzahl der Epochen (vollständiger Durchlauf des Trainingsdatensatzes), die im Rahmen dieses Schrittes optimiert werden müssen.

4. Finales Modell mit Testdaten testen: Hierzu werden die gängigen Größen wie beispielsweise MSE und Bestimmtheitsmaß für Regressionsaufgaben und Precision und Recall bei Klassifizierungsaufgaben berechnet.

Vorgehensweise

1. Modellierung im Team vorbereiten
2. Geeignetes neuronales Netz auswählen
3. Modell trainieren und tunen
4. Finales Modell mit Testdaten testen

Erkennung von Defekten auf Solarmodulen

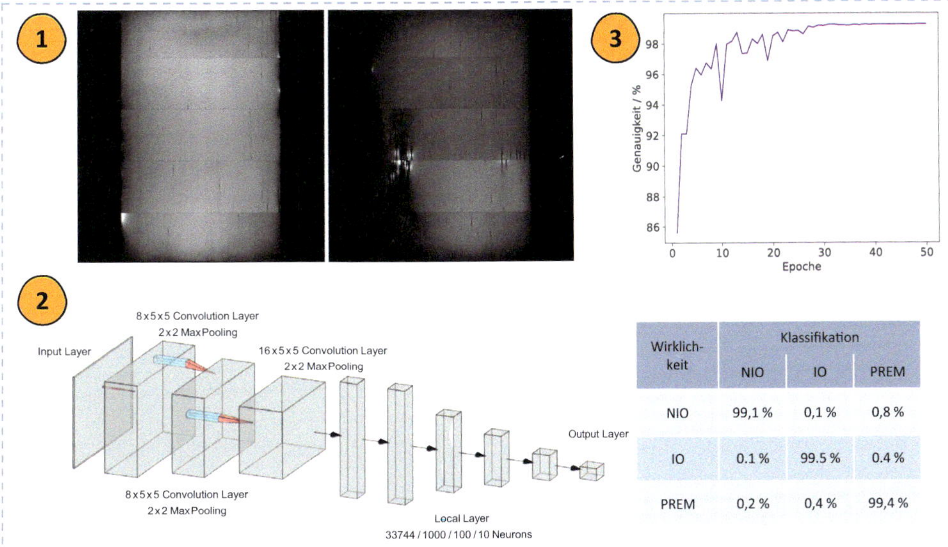

Wirklichkeit	Klassifikation		
	NIO	IO	PREM
NIO	99,1 %	0,1 %	0,8 %
IO	0.1 %	99.5 %	0.4 %
PREM	0,2 %	0,4 %	99,4 %

Zur automatischen Sichtprüfung wird ein Klassifikationsmodell mit neuronalen Netzen erstellt, das Solarmodule in die Klassen NIO, IO und Premium einteilt. Nach einer Optimierung der Hyperparameter liegen die erreichten Genauigkeiten bei 99,3 % und stimmen damit weitgehend mit dem Ergebnis beim Training überein. Durch einen balancierten Datensatz wurde erreicht, dass die Genauigkeiten für alle Qualitätsklassen gleich hoch sind. Aus Qualitätssicht ist insbesondere die Identifikation der NIO-Klasse wichtig, weil sie verhindert, Schlechtteile auszuliefern.

Nutzen

Neuronale Netze sind konkurrenzlos bei der Fähigkeit, mit vielen Eingangsgrößen umzugehen, so wie es bei der Verarbeitung von Bildern oder Texten notwendig ist. Für viele Anwendungsfälle liegen etablierte Standardarchitekturen vor.

Praxistipp

Die Anpassung der Architekturen an die jeweilige Aufgabenstellung durch Hyperparameteroptimierung ist aufwendig, aber ein wesentlicher Erfolgsfaktor für den Einsatz neuronaler Netze.

8.7 Cluster-Verfahren trainieren und tunen

Worum geht es?

Das Ziel von Cluster-Verfahren besteht typischerweise darin, Daten zu gruppieren. Beobachtungen innerhalb einer Gruppe sollen so ähnlich wie möglich sein, und die Beobachtungen aus verschiedenen Gruppen sollen möglichst große Unterschiede aufweisen. Cluster-Verfahren können auch für die Identifikation von Ausreißern verwendet werden, indem ein Datenpunkt darauf analysiert wird, ob er einem Cluster zuordenbar ist. Sind sie keinem Cluster zuordenbar, werden sie als Ausreißer identifiziert. Cluster-Verfahren gehören zur Gruppe des unüberwachten Lernens. Damit kann die richtige oder falsche Zuordnung nicht geprüft werden. Ein Aufteilen der Daten in Trainings- und Testdaten sowie eine Parameteroptimierung mit Validierung ist daher nicht sinnvoll. Die Auswahl des besten Algorithmus sowie die Optimierung der Hyperparameter erfolgt auf Basis des gesamten Datensatzes.

Wie geht man vor?

1. **Modellierung im Team vorbereiten:** Aufgrund der vielfältigen Anwendungsmöglichkeiten von Cluster-Algorithmen ist zunächst klarzustellen, um welchen Use Case es sich handelt, beispielsweise ob es sich um die Bildung von Clustern oder die Erkennung von Ausreißern handelt.
2. **Initialen Cluster-Algorithmus auswählen:** In der Praxis steht eine Vielzahl an Algorithmen zur Verfügung wie beispielsweise K-Means-Clustering, spektrales Clustern, DBSCAN, hierarchisches Clustern oder der Birch-Algorithmus, wobei je nach Aufgabenstellung bestimmte Algorithmen Stärken und Schwächen aufweisen. Wenn es die Rechenzeit zulässt, werden die gängigsten Algorithmen verwendet und das optimale Modell später beim Testen ermittelt.
3. **Modell trainieren, bewerten und tunen:** Die verschiedenen Cluster-Algorithmen zeichnen sich dadurch aus, dass sie eine Reihe von Hyperparametern aufweisen, die im Rahmen des Modelltunings optimal eingestellt werden müssen. Bei Verwendung des K-Means-Algorithmus beispielsweise gibt es drei Hyperparameter: die Anfangswerte von Clustern, die Abstandsmaße und die Anzahl der Cluster. Beim DBSCAN-Verfahren beispielsweise bestehen die Hyperparameter aus der Ausdehnung der ε-Umgebung und der Mindestanzahl K_{MIN}, die für die Erkennung eines Kernpunktes erforderlich ist.

   Ein sehr gebräuchliches Maß für die Güte der Clusterung und damit für die Güte der Hyperparameter ist der Silhouette-Wert. Der Wert liegt zwischen Eins und minus Eins, wobei ein hoher Wert anzeigt, dass das Objekt gut zu seinem eigenen Cluster und schlecht zu benachbarten Clustern passt. Wenn die meisten Objekte einen hohen Wert haben, ist die Clustering-Konfiguration angemessen.

Vorgehensweise

1. Modellierung im Team vorbereiten
2. Initialen Cluster-Algorithmus auswählen
3. Modell trainieren, bewerten und tunen

Turbinenüberwachung

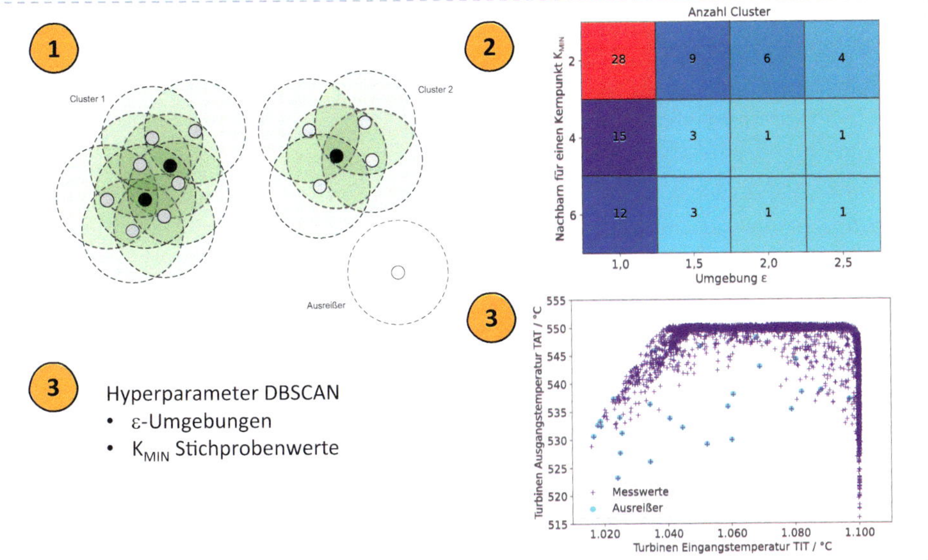

Zur Überwachung einer Turbine werden die Betriebsdaten, bestehend aus Umgebungsbedingungen, Drücken und Temperaturen, auf Ausreißer untersucht. Dazu werden bei einem DBSCAN-Verfahren die Hyperparameter ε und K_{MIN} so lange variiert, bis nur ein Cluster und einige Ausreißer erkannt werden. Es zeigt sich, dass die Ausreißer Betriebspunkte mit geringen Temperaturen repräsentieren. Sie entstehen beim Hochlauf der Turbine und weisen erhöhte Emissionswerte auf. Fehlende Ausreißer zeigen den abgeschlossenen Hochlauf der Turbine an.

Nutzen

Cluster-Verfahren erkennen Gruppen in Stichproben. Aus der Zugehörigkeit zu Gruppen können durch Machine-Learning-Algorithmen weitere Schlüsse gezogen werden.

Praxistipp

Datensätze zur Ausreißererkennung weisen oftmals nur wenige Ausreißer auf, was eine Klassifikation erschwert. Deshalb eignen sich Cluster-Verfahren besser zur Ausreißererkennung als Klassifikationsverfahren.

8.8 Reinforcement-Verfahren trainieren, tunen und bewerten

Worum geht es?

Beim Reinforcement Learning wird ein Agent dazu trainiert, die maximale Belohnung (Reward) für sein Handeln in seinem aktuellen Zustand (State) zu erhalten. Dazu lernt der Agent eine Verhaltensstrategie (Policy), die zu jeder möglichen Maßnahme (Action) im aktuellen Zustand die Belohnung schätzt. Auf Basis der Schätzung wird die nächste Aktion ausgewählt. In die Schätzung der Belohnung geht nicht nur die aktuelle Entscheidung, sondern es gehen ganze Sequenzen von Entscheidungen ein.

Wie geht man vor?

1. Modellierung im Team vorbereiten: Zunächst ist im Team sicherzustellen, dass die Aufgabe in korrekter Art und Weise als Reinforcement-Aufgabe modelliert wurde.

2. Reward-Funktion ableiten: Die Reward-Funktion ergibt sich aus den Zielen des Use Cases und muss von den Domänenexperten festgelegt werden. Soll beispielsweise ein Agent den richtigen Bestellzeitpunkt lernen, um die Lagerhaltungskosten zu senken, so stellen diese Kosten die Reward-Funktion dar.

3. Reinforcement-Algorithmen wählen: Viele Reinforcement-Algorithmen basieren auf dem Lernen der sogenannten Q-Values, wobei Q definiert ist als Gesamtbelohnung, die der Agent zu erwarten hat. Beim klassischen Q-Learning wird nach jeder Lernsequenz die prognostizierte Belohnung mit der tatsächlichen verglichen und die Belohnungsfunktion angepasst. Problematisch ist dabei die oftmals große Anzahl an Kombinationen von Zuständen und Aktionen. Deshalb werden stattdessen Deep-Q-Networks eingesetzt, welche die Policy effizienter approximieren.

4. Simulationsumgebung schaffen: Agenten könnten grundsätzlich auch in der realen Welt lernen. Um jedoch wirtschaftlich, störungsfrei und schnell zu lernen, ist eine Simulation der Systemreaktion notwendig.

5. Simulieren und Hyperparameter tunen: Beim Reinforcement Learning gibt es drei wesentliche Hyperparameter. Die Lernrate α definiert die Schrittweite bei der iterativen Anpassung der Q-Werte. Der Greedy-Parameter ε bestimmt das Verhältnis zwischen der Erforschung von Neuland (explore) und der Ausbeutung des aktuellen Wissens (exploit). Je größer ε ist, desto stärker erkundet der Agent bei der Lösungssuche Neuland. Mit dem Abzinsfaktor γ wird festgelegt, ob der Agent kurzfristiges ($\gamma = 0$) oder langfristiges Handeln ($\gamma = 1$) belohnt.

6. Lösung bewerten: Durch Variation der Hyperparameter entstehen unterschiedliche Lösungen. Das Modell, bei dem die höchsten Q-Werte erreicht werden, wird als bestes Modell bewertet und angewendet.

Deep-Q-Network (DQN)

Vorgehensweise

1. Modellierung im Team vorbereiten
2. Reward-Funktion ableiten
3. Reinforcement-Algorithmen wählen
4. Simulationsumgebung schaffen
5. Simulieren und Hyperparameter tunen
6. Lösung bewerten

Optimale Produktionssteuerung

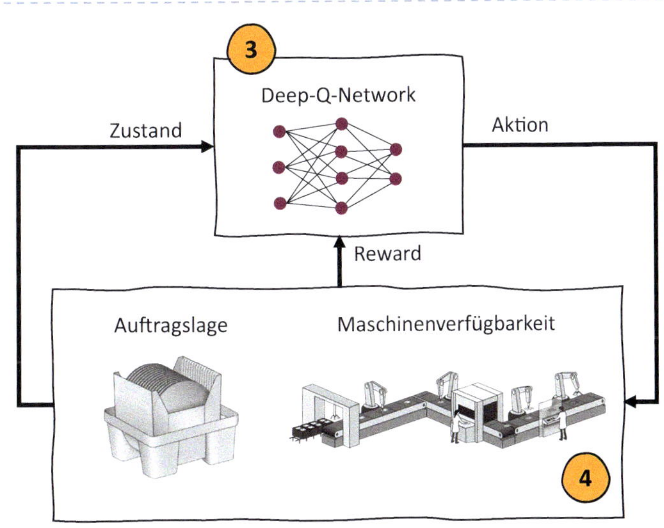

In der Halbleiterindustrie durchlaufen Wafer in Batches unterschiedliche Fertigungsprozesse. Daraus ergibt sich die Frage nach der optimalen Reihenfolge für den Durchlauf aller Batches durch entsprechende Maschinengruppen. Als Optimierungsziel (Reward) dient der Anteil verzögerter Aufträge. Der Zustand (State) ergibt sich aus der Auftragslage und der Verfügbarkeit von Maschinen. Über ein Deep-Q-Network wird eine Policy trainiert, um den Anteil der verzögerten Aufträge zu minimieren. In einem Fallbeispiel der FhG Stuttgart konnte dieser von 17,0 % auf 1,3 % reduziert werden.

Nutzen

Reinforcement Learning ermöglicht es Maschinen (Agenten), durch Erfahrung und Rückmeldungen eigenständig Entscheidungen zu treffen und komplexe Aufgaben zu lösen. Dabei wird das Handeln stetig aktualisiert.

Praxistipp

Q-Learning wird bei einer großen Anzahl an Zuständen und Aktionen sehr zeit- und ressourcenintensiv und stößt an Grenzen. Daher haben sich in der Praxis Deep-Q-Networks etabliert, die auch hochkomplexe Aufgabenstellungen effizient lösen können.

8.9 Large Language Models feintunen

Worum geht es?

Large Language Models (LLMs) wie beispielsweise ChatGPT können autonom Texte in natürlicher Sprache verstehen. Sie produzieren und dienen somit unterschiedlichsten Use Cases wie beispielsweise dem Verfassen von Artikeln, Erstellen von Blog-Beiträgen oder der Beantwortung von Fragen. Sie können zur Übersetzung von Text zwischen beliebigen Sprachpaaren verwendet werden oder in Texten vorhandene emotionale Zustände und Gefühle erkennen und kategorisieren. Dabei besteht die Kunst darin, geeignete vortrainierte Modelle zu finden und diese an den aktuellen Bedarf anzupassen (feintunen).

Wie geht man vor?

1. **Vortrainiertes Modell auswählen:** Es erfordert eine enorme Menge an Rechenleistung und Daten, um ein großes Sprachmodell von Grund auf zu trainieren. Daher ist es sinnvoll, mit einem Modell zu beginnen, das bereits ein umfassendes Training absolviert hat. Beispielsweise ist es über ein Abo-Modell möglich, ChatGPT auf die eigenen Anforderungen zu optimieren, indem eigene Lerndaten hinzuzufügt werden. Diese Modelle garantieren auch Datensicherheit, indem sichergestellt wird, dass nur berechtigte Personen Zugriff erhalten.
2. **Ethische Compliance sicherstellen:** Bei dem Einsatz von LLMs sind ethische Überlegungen beispielsweise in Bezug auf Datenschutz, Fairness und Unvoreingenommenheit zu berücksichtigen. Wenn beispielsweise ein Sprachmodell für eine Stimmungsanalyse optimiert werden soll, muss wie bei anderen Machine-Learning-Modellen sichergestellt werden, dass die Trainingsdaten vielfältig und repräsentativ sind, um verzerrte oder diskriminierende Ergebnisse zu vermeiden.
3. **Richtiges Prompt-Format finden:** Die Eingabeaufforderung, die dem Modell als Eingabetext zur Verfügung gestellt wird, hat einen erheblichen Einfluss auf die Qualität der erzeugten Ergebnisse. Daher ist es wichtig, mehrere Eingabeaufforderungstypen zu testen, um herauszufinden, welche für den jeweiligen Use Case am effektivsten sind.
4. **Konzentration auf relevante Lerndaten:** Bei der Auswahl von Daten für die Feinabstimmung ist es wichtig, sich auf die für den jeweiligen Use Case relevanten Daten zu konzentrieren.
5. **Modell feintunen und bewerten:** Je nach Aufgabenstellung sind unterschiedliche Kennzahlen geeignet, um den Tuning-Erfolg zu bewerten. Beispielsweise sind Precision und Recall bei der Feinabstimmung eines Sprachmodells für die Stimmungsanalyse geeignet.

Generative Pre-trained Transformer (GPT) mit eigenen Daten

Vorgehensweise

1. Vortrainiertes Modell auswählen
2. Ethische Compliance sicherstellen
3. Richtiges Prompt-Format finden
4. Konzentration auf relevante Lerndaten
5. Modell feintunen und bewerten

ChatGPT als Wissensassistent

1

Doc Scanner GPT

Das Dokument enthält mehrere Informationen zum Thema Qualitätsmanagement (QM):

1. **QM-Systeme**: Es werden verschiedene QM-Systeme und Methoden aufgeführt, darunter:
   - EFQM (European Foundation for Quality Management)
   - KVP (Kontinuierlicher Verbesserungsprozess)
   - Six Sigma
   - Künstliche Intelligenz und Machine Learning im QM
2. **Qualitätsmanagement-Kompetenzen**: Die Präsentation betont die Expertise im Bereich des Qualitätsmanagements und der Statistik. Es wird hervorgehoben, dass das Unternehmen bei der Lösung von Qualitätsproblemen hilft und nachhaltig wirksame QM-Systeme entwickelt, die den Anforderungen eines zunehmend komplexen Umfeldes gerecht werden.
3. **Einführung von QM-Methoden**: Unterstützung bei der Einführung etablierter QM- und Verbesserungsansätze wie Six Sigma, KVP, EFQM sowie spezifischer QM-Methoden wie Design of Experiments (DoE), Quality Function Deployment (QFD), Failure Mode and Effects Analysis (FMEA), 8D-Report und Statistical Process Control (SPC).
4. **Systematische Problemlösung**: Ein besonderer Fokus liegt auf dem Thema der systematischen Problemlösung.
5. **Umgang mit Komplexität und Daten**: Das Unternehmen unterstützt auch bei der Identifikation und Umsetzung von Anwendungsfällen im Bereich künstlicher Intelligenz, Qualität 4.0 und Data Analytics, um der zunehmenden Komplexität und Datenflut Rechnung zu tragen.

3

Welche Informationen sind in den Dokumenten bezüglich QM enthalten?

ChatGPT kann Fehler machen. Überprüfen Sie wichtige Informationen.

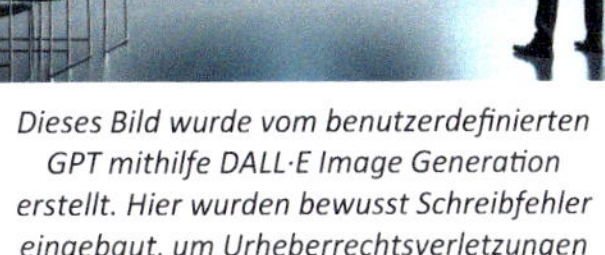

Dieses Bild wurde vom benutzerdefinierten GPT mithilfe DALL·E Image Generation erstellt. Hier wurden bewusst Schreibfehler eingebaut, um Urheberrechtsverletzungen zu umgehen.

Ein Beratungsunternehmen hat ChatGPT mit eigenen Unternehmensdokumenten (Schulungsunterlagen und Präsentationen) aus den relevanten Wissensgebieten trainiert. Der GPT ist für die Verwendung als Wissensassistent konfiguriert und hilft den Mitarbeitenden bei der Suche nach relevanten Wissensinhalten und bei der Erstellung von Präsentationen. Es wurden Fragen definiert, mit welchen ein Chat gestartet werden kann. In dem Beispiel sieht man die Antwort des GPT auf die Frage, welche Informationen sich in der Unternehmenspräsentation zu dem Thema QM befinden.

Nutzen

Large Language Models (LLMs) können Artikel verfassen, Blog-Beiträge erstellen, Fragen beantworten, Texte übersetzen, Stimmungen in Texten erkennen und vieles mehr. Auch das Thema Wissensmanagement bekommt völlig neue Möglichkeiten.

Praxistipp

Über ein Abo-Modell ist es möglich, generische LLMs wie ChatGPT an spezifische Anforderungen anzupassen und eigene Lerndaten hinzuzufügen. Diese Modelle können im Zugriff so konfiguriert werden, dass die Datensicherheit gewährleistet ist.

8.10 Zeitreihen zerlegen und visualisieren

Worum geht es?

Viele Use Cases im Bereich Data Science haben zum Ziel, zeitliche Verläufe von wichtigen Merkmalen besser zu verstehen, um darauf basierend das zukünftige Verhalten zu prognostizieren und Verbesserungen einzuleiten. Ein praxiserprobter Ansatz ist es, die Zeitreihe in periodische Anteile, Trendanteile und Reststreuungen aufzuteilen. Als periodischer Anteil wird ein Muster bezeichnet, das sich periodisch wiederholt. Der Trendanteil beschreibt die Entwicklung des Mittelwertes der Zeitreihe und kann beispielsweise von einem Basiswert linear oder exponentiell wachsen. Anteile, die nicht im Trend oder periodischen Anteil abgebildet werden können, werden als Reststreuung bezeichnet. Die Zerlegung basiert unter anderem auf einer Fourier-Zerlegung und findet mit Software-Unterstützung statt.

Wie geht man vor?

1. **Additive Zerlegung bestimmen:** Beim additiven Modell addieren sich Trend oder periodischer Anteil zur Zeitreihe. Durch die Modellierung ergeben sich zufällige Fehler, die als Residuen bezeichnet werden.
2. **Multiplikative Zerlegung bestimmen:** Beim multiplikativen Modell multiplizieren sich Trend oder periodischer Anteil zur Zeitreihe. Durch Logarithmieren der Daten wird aus dem Produkt eine Summe, die wiederum additiv zerlegt wird. Die Summe der einzelnen Anteile wird zurücktransformiert. Residuen ergeben sich wieder aus Abweichungen von Modell und der Stichprobe.
3. **Zerlegung mit dem kleineren Fehler wählen:** Nun ist zu entscheiden, ob das additive oder multiplikative Modell besser geeignet ist. Hierbei wird die Variante bevorzugt, deren Residuen klein sind und kein spezifisches Muster aufweisen. Die Residuen repräsentieren die Abweichung zwischen dem durch das Modell vorhergesagten Wert und dem tatsächlich beobachteten Wert.
4. **Reststreuung mit ARMA-Verfahren modellieren:** In praktischen Anwendungen zeigt sich, dass Zeitreihen mit der Aufteilung in periodische Anteile, Trendanteile und Reststreuungen bereits ausreichend gut repräsentiert werden. Im Bedarfsfall kann zusätzlich eine statistische Modellierung des Prozesses mit dem sogenannten ARMA-Verfahren durchgeführt werden. Damit wird es möglich, die zukünftigen Werte der Zeitreihe mit einer entsprechenden Wahrscheinlichkeit zu prognostizieren. Voraussetzung dazu ist allerdings ein stationärer Verlauf der Residuen: Ihre Größe muss über den betrachteten Zeitbereich konstant bleiben.

Zeitreihenanalysen

Vorgehensweise

1. Additive Zerlegung bestimmen
2. Multiplikative Zerlegung bestimmen
3. Zerlegung mit dem kleineren Fehler wählen
4. Reststreuung mit ARMA-Verfahren modellieren

Wachstum Covid-19-Infektionen

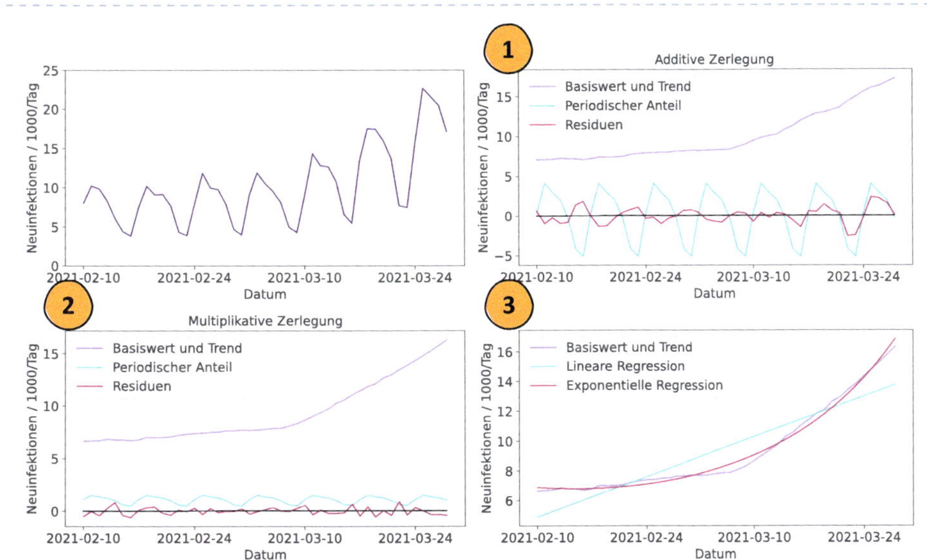

Auf Basis der Zahlen von der Johns Hopkins University wird für das Jahr 2021 der Trend der Covid-19-Neuinfektionen geprüft. Basiswert, Trend und periodischer Anteil werden additiv und multiplikativ aufgeteilt. Die Residuen sind bei der multiplikativen Zerlegung kleiner und weisen kein erkennbares Muster auf, sodass dieses Modell weiterverfolgt wird. Bei der weiteren Analyse des Trends für die multiplikative Zerlegung zeigt sich, dass die exponentielle Regression die Zeitreihe sehr gut beschreibt. Dieses Wissen über exponentielles Wachstum kann zur Ableitung von Maßnahmen zur Pandemiebekämpfung genutzt werden.

Nutzen

Die Aufteilung von Zeitreihen in periodische Anteile, Trendanteile und Reststreuungen hilft, Ursachen für die Entwicklung der Zeitreihe zu erkennen, daraus wesentliche Erkenntnisse abzuleiten und ein Prognosemodell aufzustellen.

Praxistipp

Die Zerlegung der Zeitreihe in periodische Anteile und einen Trend ist in vielen Fällen bereits die Lösung, weil darauf basierend wirksame Verbesserungen abgeleitet werden können, ohne aufwendige Modellierungstechniken einsetzen zu müssen.

8.11 Ausreißer in Zeitreihen identifizieren

Worum geht es?

In der Praxis kommt es so gut wie immer vor, dass Zeitverläufe von Merkmalen durch ein sogenanntes Rauschen überlagert werden. Dieses Rauschen in Kombination mit großen Signalen und kleinen Störungen macht es schwierig, zwischen gestörtem und typischem Signal zu unterscheiden. Beispiele für Störungen im Signalverlauf sind im Fertigungsumfeld Fertigungs- oder Messfehler, die von den Domänenexperten in der Regel erkannt werden. Auto-Encoder-Verfahren erlauben es, den ungestörten Signalverlauf individueller Signale nachzubilden, und schaffen damit die Voraussetzung, durch geeignete statistische Verfahren Ausreißer bzw. Störungen zu identifizieren.

Wie geht man vor?

1. **Signal vorverarbeiten:** Für die Ausreißererkennung ist zunächst ein geeigneter Signalausschnitt festzulegen. Bei verrauschten Signalen findet eine Filterung der Signale statt. Ziel der Filterung ist es, das Rauschen zu eliminieren, die Störungen bei den Ausreißern aber zu erhalten.
2. **Auto Encoder mit guten Signalen trainieren:** Der Auto Encoder wird mit Signalverläufen trainiert. Da der Auto Encoder typische Signalverläufe rekonstruieren soll, werden für das Training nur Signalverläufe eingesetzt, die nachweislich keine Ausreißer aufweisen. Die Auswahl erfolgt über Domänenexperten.
3. **Signal auf den typischen Verlauf reduzieren:** Der trainierte Auto Encoder wird dazu verwendet, neue Signale bzw. Zeitreihen auf ihr typisches Verhalten im Sinne des Trainings zu reduzieren. Da weder Rauschen noch Ausreißer beim Training berücksichtigt wurden, weist das reduzierte Signal diese Anteile auch nicht auf.
4. **Fehler zwischen Reduktion und Original bestimmen:** Das ursprüngliche Original und das durch den Auto Encoder reduzierte Signal weisen Abweichungen auf. Diese Abweichungen werden im Sinne eines mittleren quadratischen Fehlers aufsummiert.
5. **Ausreißer über eine Fehlergrenze klassifizieren:** Überschreitet der mittlere quadratische Fehler einen Grenzwert, wird die zugehörige Zeitreihe als Ausreißer klassifiziert.

Vorgehensweise

1. Signal vorverarbeiten
2. Auto Encoder mit guten Signalen trainieren
3. Signal auf den typischen Verlauf reduzieren
4. Fehler zwischen Reduktion und Original bestimmen
5. Ausreißer über eine Fehlergrenze klassifizieren

Detektion von Fehlern bei Fügeprozessen

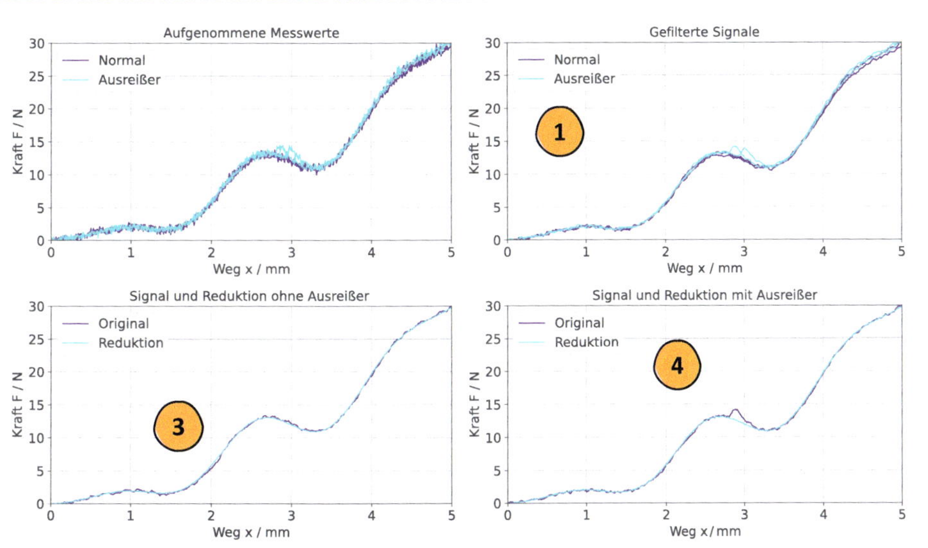

Bei Fügeprozessen wird die Kraft-Weg-Kennlinie überwacht. Ein Verhaken der zufügenden Teile aufgrund von Material-, Oberflächen- oder Geometrieabweichungen wird anhand von Kraftspitzen erkannt, die von dem typischen Kraftverlauf abweichen. Mithilfe eines Auto Encoders wird der vorliegende Kraft-Weg-Verlauf auf sein typisches Verhalten reduziert. Liegen erhebliche Abweichungen zwischen Reduktion und Original vor, handelt es sich um einen Ausreißer. Im vorliegenden Fall wurden eine Klassifikation von Ausreißern mit einer Precision von 98,5 % und einem Recall von 98,1 % erreicht.

Nutzen

Um in verrauschten Signalen auch kleine Störungen als Ausreißer zu erkennen, ist es notwendig, den ungestörten Verlauf der Signale zu rekonstruieren. Dazu dienen Auto-Encoder-Algorithmen.

Praxistipp

Das Training des Auto Encoders erfolgt mit Signalen ohne Ausreißer, um den normalen Verlauf perfekt nachzubilden. Hier müssen die Domänenexperten sehr intensiv miteinbezogen werden, da nur sie Rauschen und Störungen unterscheiden können.

8.12 Bestes Modell auswählen

Worum geht es?

Bei der Modellauswahl wird ein endgültiges Machine-Learning-Modell aus einer Sammlung von Machine-Learning-Kandidatenmodellen ausgewählt, die sich üblicherweise durch den verwendeten Algorithmus (z. B. Naive Bayes, Entscheidungsbaum, neuronales Netz) unterscheiden. Der typische Zielkonflikt bei Machine-Learning-Modellen besteht darin, dass zunehmende Genauigkeit auf Kosten des Umfangs der Trainingsdaten, der Interpretierbarkeit und der Umsetzbarkeit (Antwortzeiten, Aufwand für Umsetzung und Wartung) erkauft werden muss. Die drei letztgenannten Kriterien können mit dem Begriff Komplexität zusammengefasst werden. Gesucht wird somit ein Modell, welches den Zielkonflikt zwischen Genauigkeit und Komplexität im jeweiligen Anwendungsfall am besten löst.

Wie geht man vor?

1. **Standardkriterien diskutieren:** Zunächst ist im Team zu diskutieren bzw. zu klären, ob die erwähnten Standardkriterien für den jeweiligen Use Case relevant sind.
2. **Kriterien anpassen und Gewichtung einführen:** Unter Umständen müssen Kriterien wie „Umsetzbarkeit" noch präzisiert werden: Geht es hierbei beispielsweise um kurze Antwortzeiten oder um den Programmieraufwand bei der Umsetzung? Je nach Bedarf sind die Kriterien anzupassen, eventuell lohnt es sich auch, die Kriterien zu gewichten. Es könnte im gegenständlichen Use Case der Aspekt „Interpretierbarkeit" besonders wichtig sein oder eventuell gar keine Rolle spielen.
3. **Bewertungsmethode auswählen:** Danach ist die jeweilige Bewertungsmethoden zu wählen, wobei typischerweise entweder eine etwas detailliertere Bewertungstabelle Verwendung findet oder ein Entscheidungsportfolio mit den beiden Kriterien Genauigkeit und Komplexität. Manchmal kann es sinnvoll sein, vorab zu überprüfen, ob bestimmte Modelle K.-o.-Kriterien verletzen und von vornherein ausgeschieden werden können.
4. **Bewertung durchführen:** Die Gründe für die Bewertung sind möglichst genau mit zu dokumentieren. Damit ist gemeint, dass beim Trainingsumfang nicht nur eine Schulnote wie „Sehr gut" vergeben wird, sondern auch erkennbar ist, warum diese Note vergeben wurde, weil eben beispielsweise lediglich 1000 Datenpunkte für das Training notwendig sind.
5. **Finale Entscheidung treffen:** Wichtig ist es, nicht blind das ermittelte Ranking der Methoden zu übernehmen, sondern mit Hausverstand das Ergebnis zu interpretieren und falls notwendig eine abweichende Entscheidung zu treffen. Der Grund hierfür ist zu dokumentieren.

Standardkriterien

Vorgehensweise

1. Standardkriterien diskutieren
2. Kriterien anpassen und Gewichtung einführen
3. Bewertungsmethode auswählen
4. Bewertung durchführen
5. Finale Entscheidung treffen

Klassifizierungsmodelle vergleichen

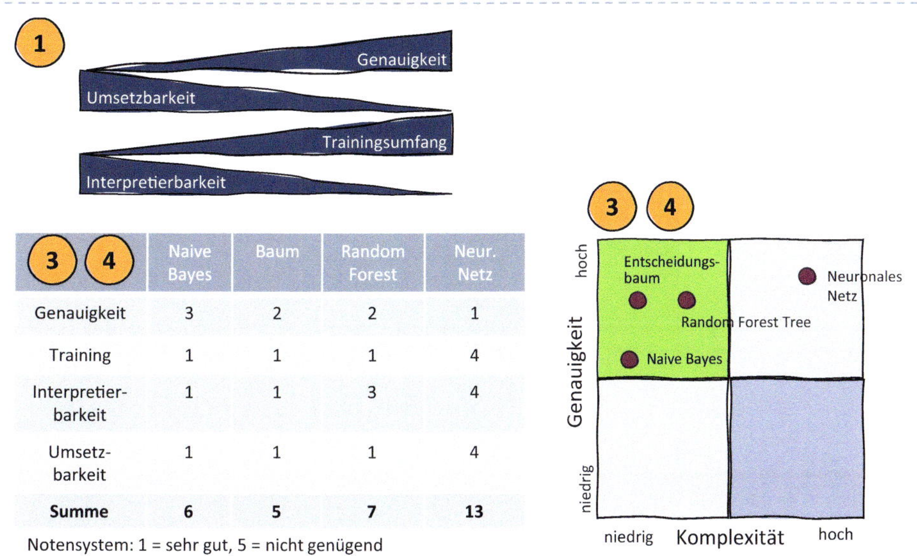

3 4	Naive Bayes	Baum	Random Forest	Neur. Netz
Genauigkeit	3	2	2	1
Training	1	1	1	4
Interpretierbarkeit	1	1	3	4
Umsetzbarkeit	1	1	1	4
Summe	**6**	**5**	**7**	**13**

Notensystem: 1 = sehr gut, 5 = nicht genügend

Die Entscheidungstabelle zeigt, dass der Bayes-Klassifizierer genau wie der Entscheidungsbaum bei der Komplexität am besten abschneiden würde, wobei der Entscheidungsbaum etwas genauer ist. Nachdem der Random Forest Tree keine Vorteile bei der Genauigkeit liefert, aber weniger verständlich ist, und das neuronale Netz zwar eine Spur genauer ist, aber viele andere Nachteile besitzt, hat sich das Team für einen Entscheidungsbaum entschieden. Das sieht man auch am Entscheidungsportfolio: Der Entscheidungsbaum findet den besten Kompromiss zwischen Genauigkeit und Komplexität.

Nutzen

Die systematische Bewertung der verschiedenen Modelle führt primär dazu, dass strukturiert im Team diskutiert wird und das Ergebnis dokumentiert und akzeptiert wird.

Praxistipp

Die Anwendung einer Bewertungsmethode ist immer nur als Vorarbeit zu verstehen. Das Ergebnis muss diskutiert werden, und es dürfen auch vom Rechenschema abweichende Entscheidungen getroffen werden.

09 Lösung validieren

Unter einer Verifikation wird bei Data-Science-Lösungen die Bewertung der Lösung aus technischer Sicht verstanden. Im Gegensatz dazu ist mit der in dieser Phase umzusetzenden Validierung der Lösung ein Abgleich mit den Business-Zielen gemeint, der federführend von den Domänenexperten durchzuführen ist. Dies ist bewusst von der Bewertung der Lösung aus technischer Sicht zu trennen, weil es sein kann, dass zwar die Bewertung einer Klassifizierungslösung hinsichtlich Precision und Recall positiv ausfällt, aber dennoch die Business-Ziele beispielsweise hinsichtlich Kostenersparnis oder Handhabbarkeit der Lösung verfehlt werden.

Die folgenden Schritte sind typisch:

- Interpretierbarkeit sicherstellen
- Plausibilität prüfen
- Business-Perspektive bewerten
- Prozess reviewen

Wichtig ist es, dass die Domänenexperten das Modell ausreichend interpretieren können und darauf basierend die Lösung einer Plausibilitätsprüfung unterziehen, indem beispielsweise gefundene Korrelationen kritisch einer Kausalitätsprüfung unterzogen werden. Bei Machine-Learning-Lösungen sollte es Standard sein, dass nicht nur die Modell-Performance ermittelt wird, sondern auch dargestellt wird, welche Features den größten Einfluss auf das Ergebnis haben.

Dies ist zumeist die Voraussetzung dafür, die Lösung aus der Business-Perspektive zu bewerten. Die Bewertung der Business-Perspektive umfasst immer auch eine Beurteilung der Lösung durch die Anwender selbst und ist im Idealfall mit einem Probebetrieb der Lösung kombiniert.

Am Ende dieser Phase ist es sehr zu empfehlen, auch ein Review über den Prozess durchzuführen, um etwaige Verbesserungen in der Vorgehensweise für die nächste Iteration umzusetzen.

9.1 Interpretierbarkeit von Machine-Learning-Modellen sicherstellen

Worum geht es?

Eine gute Interpretierbarkeit von Prognosemodellen bedeutet, dass die Entscheidungen des Modells für die Anwender leicht zu verstehen und gut nach vollziehbar sind. Dieser Aspekt hat unter dem Stichwort XAI (Explainable AI) enorm an Bedeutung gewonnen. Dadurch fällt es Menschen viel leichter, Vertrauen aufzubauen und die Lösung zu akzeptieren. Und wenn sichergestellt werden soll, dass die Machine-Learning-Lösung fair agiert und niemanden diskriminiert, ist ein Verständnis für das Modell unabdingbar. Die Shapley-Additive-Explanations-Methode (SHAP) spielt in der Praxis eine große Rolle. Sie ist modellunabhängig, d. h. sie kann für jeden Algorithmus verwendet werden und sowohl eine einzelne Vorhersage (lokale Interpretierbarkeit) als auch das gesamte Modellverhalten (globale Interpretierbarkeit) erklären.

Wie geht man vor?

1. **Wichtigkeit der Features bestimmen:** SHAP untersucht, inwieweit sich der Modell-Output durch systematisches Hinzufügen und Weglassen von Features und Feature-Kombinationen verändert. Darauf basierend wird die Wichtigkeit der Eingangsgrößen ermittelt und in einem Feature-Importance-Plot angezeigt, wobei die Länge der Balken die Wichtigkeit angibt. Hier können Farben genutzt werden: Beispielsweise kann ein roter Balken anzeigen, dass eine Erhöhung des Feature-Wertes auch eine Erhöhung der Ausgangsgröße bewirkt, blau kennzeichnet den umgekehrten Fall.
2. **Funktionale Zusammenhänge verstehen:** Im sogenannten „Partial Dependence Plot" wird gezeigt, wie die Auswirkung eines Features auf die Zielgröße im Detail aussieht. Ist dieser Zusammenhang linear, konstant oder komplex? Linear würde bedeuten: Je höher der Feature-Wert, desto höher auch der Einfluss auf das Ergebnis. Um das herauszufinden, wird der Einfluss des Features auf der y-Achse und die Werte des Features auf der x-Achse dargestellt: dies für alle Punkte im Lerndatensatz.
3. **Jede einzelne Prognose verstehen:** Insbesondere während der laufenden Anwendung des Prognosemodells ist es sehr hilfreich, für jeden individuellen Fall zu verstehen, wie die konkrete Prognose zustande gekommen ist. Hierzu kann der sogenannte „Individual SHAP Value Plot" verwendet werden. In diesem Diagramm wird nicht nur die konkrete Prognose dargestellt, sondern mithilfe von Pfeilen erläutert, welches Feature um welchen Betrag das Ergebnis beeinflusst hat.

Shapley-Additive-Explanations-Methode (SHAP)

Vorgehensweise

1. Wichtigkeit der Features bestimmen
2. Funktionale Zusammenhänge verstehen
3. Jede einzelne Prognose verstehen

Prognose der Weinqualität

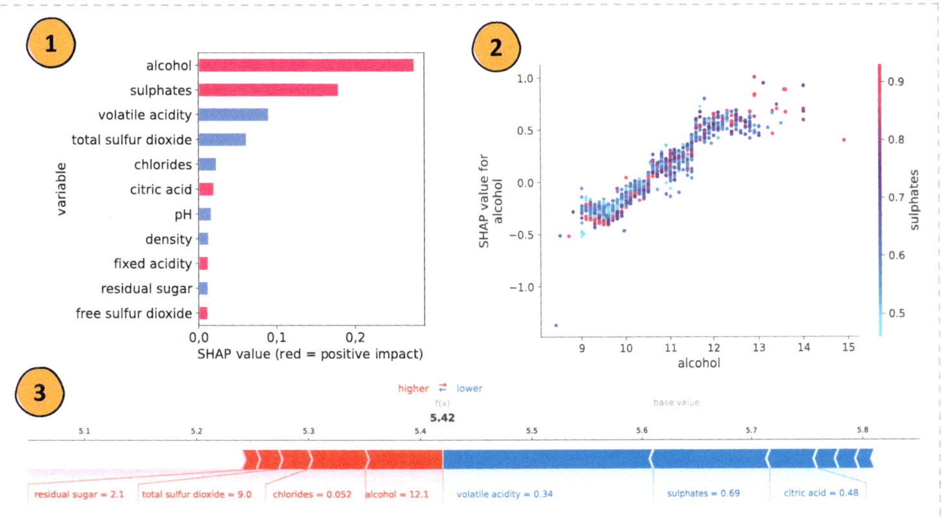

Bei der Prognose der Weinqualität haben Alkoholgehalt, Sulfatgehalt und Säure die größte Wirkung auf die Zielgröße. Man sieht beispielsweise auch: Je größer der Alkoholgehalt, desto höher ist die Weinqualität (erkennbar an dem roten Balken). Es gibt einen annähernd linearen Zusammenhang zwischen den Alkoholwerten und dem Einfluss auf die Weinqualität, der am Ende ein wenig abflacht. Für die lokale Interpretierbarkeit ist der Durchschnittswert von 5,63 eingezeichnet, der das Ergebnis ohne Kenntnis von Features charakterisiert. Die Prognose für den konkreten Stichprobenwert beträgt 5,42, wobei der Säuregehalt von 0,34 das Ergebnis am stärksten vom Durchschnittswert ausgehend in Richtung niedrigere Werte beeinflusst hat.

Nutzen

Erklärbare Modelle haben große Vorteile: Die Begründung für die Prognose leistet oftmals einen Beitrag zur Problemlösung, hilft Vertrauen aufzubauen, ermöglicht die Überprüfung auf Fairness und erhöht die Akzeptanz für die Lösung.

Praxistipp

Modellunabhängige Methoden wie SHAP haben den Vorteil, dass sie für alle Algorithmen eingesetzt werden können. Wichtig ist, zwischen globaler und lokaler Interpretierbarkeit zu unterscheiden und beide Aspekte zu nutzen.

9.2 Lösung auf Plausibilität prüfen

Worum geht es?

Bei datengetriebenen Use Cases in industriellen Anwendungen ist es sehr wichtig, dass die Domänenexperten das Modell ausreichend verstehen und kritisch einer Kausalitätsprüfung unterziehen, um beispielsweise Scheinkorrelation zu erkennen. Es ist notwendig, dass die in einem Machine-Learning-Modell erkannten mathematischen Korrelationen mit den bekannten Kausalitäten der Fachexperten abgeglichen werden. Diese Meetings werden als 2K-Workshops bezeichnet, wobei die beiden K für Korrelation und Kausalität stehen. Die Bewertung der mathematischen Ergebnisse führt einerseits zu der gewünschten Plausibilisierung, andererseits wird der Algorithmus für die späteren Anwender transparent und verständlich, was wiederum die Akzeptanz für die Lösung erhöht.

Wie geht man vor?

1. **Relevante Domänenexperten identifizieren:** Zunächst ist festzulegen, wer die geeigneten Domänenexperten sind, mit denen man die Modellergebnisse diskutieren sollte. Neben Fachwissen ist die Frage relevant, wer später mit dem Modell arbeiten soll.
2. **Hintergründe zum Use Case erläutern:** Dies umfasst neben den Geschäftszielen insbesondere die verwendeten Daten, die normalerweise im Datenerfassungsplan festgelegt wurden: Welche Daten von welcher Datenquelle für welchen Zeitraum wurden für die Modellierung herangezogen?
3. **Modell und Ergebnisse erläutern:** Danach werden die Modelle und die erreichten Ergebnisse erläutert, wobei insbesondere die Wichtigkeit der Features und die gefundenen Korrelationen erläutert werden. Hierzu kann man beispielsweise die SHAP-Methode nutzen.
4. **Ergebnisse auf Kausalität prüfen:** Die Prozess- und Produktexperten sind aufgerufen, die Modellergebnisse kritisch zu hinterfragen und mit ihrem Domänenwissen in Einklang zu bringen. Sie werden aufgefordert, zu den mathematischen Korrelationen entsprechende inhaltliche Begründungen zu erarbeiten. Können derartige Zusammenhänge nicht aufgebaut werden, sind die gefundenen Korrelationen als Scheinkorrelationen einzuordnen. Dabei begründen die Experten ihre Entscheidung und erläutern sie im Detail, am besten anhand von Skizzen.
5. **Weiteres Vorgehen definieren:** Je nach Ergebnis des 2K-Workshops werden die nächsten Schritte festgelegt, beispielsweise die Freigabe des Modells für die nächste Iteration oder für das Deployment, oder es geht zurück zur Modellierung, nicht selten sogar zurück zum Thema Feature Engineering.

2K-Workshop

Vorgehensweise

1. Relevante Domänenexperten identifizieren
2. Hintergründe zum Use Case erläutern
3. Modell und Ergebnisse erläutern
4. Ergebnisse auf Kausalität prüfen
5. Weiteres Vorgehen definieren

Kausalitätsprüfung für einen Stanz-Biege-Prozess

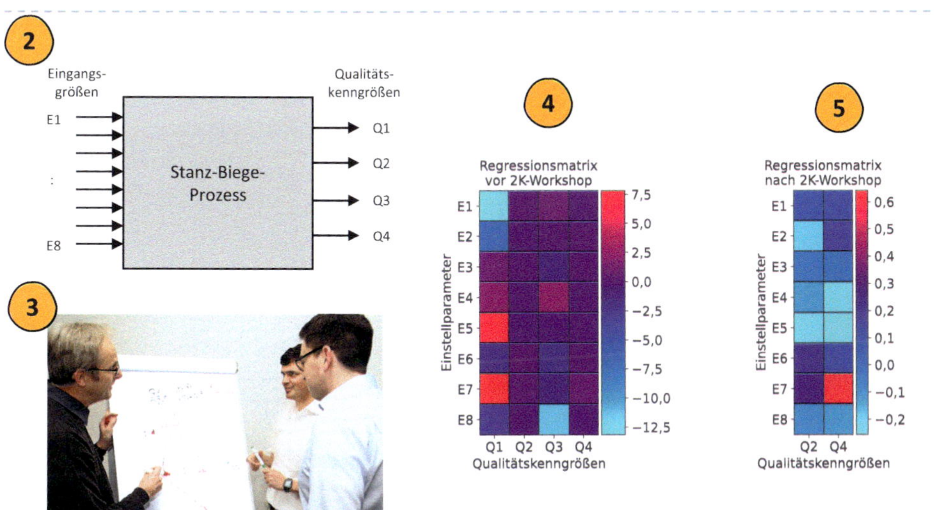

In einem Fertigungsprozess sollen Qualitätsmerkmale Q1 ... Q4 über die Einstellparameter E1 ... E8 geregelt werden. Es zeigt sich, dass kleine Änderungen der Qualitätsmerkmale Q1 und Q3 bereits zu einem Vollausschlag einiger Einstellparameter führen. Verantwortlich dafür sind die hohen Koeffizienten in der Regressionsmatrix. Im Rahmen eines 2K-Workshops zeigt sich, dass keine Kausalität zwischen den Einstellparametern und den Qualitätsmerkmalen Q1 und Q3 existiert. Die Merkmale Q1 und Q3 werden deshalb bei der Prozessregelung nicht berücksichtigt, was sich später in der Modellanwendung als richtige Entscheidung herausstellt.

Nutzen

Durch das Plausibilisieren wird einerseits die Lösung verbessert, weil Scheinkorrelationen beseitigt werden, andererseits wird wertvolles Wissen aufgebaut. In jedem Fall steigt die Akzeptanz für die Lösung.

Praxistipp

Der wichtigste Schritt besteht in der Plausibilitätsprüfung durch die Fachexperten. Hier ist ein einfaches Ja oder Nein nicht ausreichend. Anhand von Skizzen, Formeln etc. sind entsprechende Begründungen zu erarbeiten.

9.3 Ergebnis aus der Business-Perspektive bewerten

Worum geht es?

Erst nachdem die Lösung aus technischer Sicht bewertet, die Lösung anschaulich aufbereitet und in einem 2K-Workshop plausibilisiert wurde, erfolgt die Bewertung der Lösung aus Business-Sicht. Bewusst erfolgt die Bewertung der Zielerreichung aus der Business-Perspektive in der Sprache der Domänenexperten und getrennt von der technischen Bewertung. Schließlich kann auch bei der Ableitung der technischen Ziele ein Fehler passiert sein, der ausgeschlossen werden muss. Und letztendlich zählt bei der endgültigen Bewertung des Use Cases ausschließlich das Erreichen der Business-Ziele.

Wie geht man vor?

1. Business-Ziele auflisten: Zunächst ist sicherzustellen, dass die Geschäftsziele des Use Cases bekannt und noch aktuell sind. Dann sind die messbaren Kriterien nochmals in Erinnerung zu rufen, und danach kann im Team eine Einschätzung der Zielerreichung gegeben werden.

2. Testbetrieb der Lösung starten: Sehr oft findet vor der Einschätzung der Zielerreichung eine Testphase der Lösung statt, wo insbesondere die späteren Anwender tatsächlich mit der Lösung arbeiten und Erfahrungen sammeln können. Dieses Vorgehen ist sehr zu empfehlen.

3. Zielerreichung bewerten und begründen: Bevor diese in Prozent festgelegt wird – beispielsweise von 0 % Zielerreichung bis zu vollständigen Zielerreichung von 100 % – ist es enorm wichtig, eine inhaltliche Begründung für die Bewertung der Zielerreichung auch schriftlich festzuhalten.

4. Daten vor Ort erheben: Bei dem Versuch, die Zielerreichung einzuschätzen, kann es vorkommen, dass das Team zu dem Schluss kommt, noch nicht genügend Informationen für eine endgültige Bewertung der Zielerreichung zur Verfügung zu haben. Dann muss das Team zusätzliche Informationen einholen und beispielsweise vor Ort gehen, um nochmals mit den Beteiligten zu reden oder weitere Auswertungen durchführen.

5. Business Case aktualisieren: Nach der Einschätzung der Zielerreichung sollte bei Bedarf der Business Case aktualisiert werden, und danach können die nächsten Schritte festgelegt werden. Entweder ist noch eine weitere Modelliteration notwendig, oder es gibt die Freigabe zum Deployment.

Zielerreichungsworkshop

Vorgehensweise

1. Business-Ziele auflisten
2. Testbetrieb der Lösung starten
3. Zielerreichung bewerten und begründen
4. Daten vor Ort erheben
5. Business Case aktualisieren

Wärmebehandlung Prüfbericht

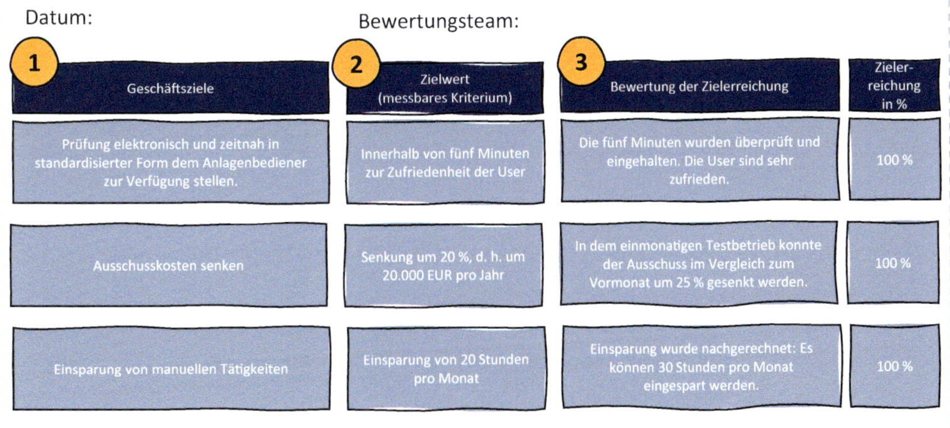

Datum:

Bewertungsteam:

1 Geschäftsziele	2 Zielwert (messbares Kriterium)	3 Bewertung der Zielerreichung	Zielerreichung in %
Prüfung elektronisch und zeitnah in standardisierter Form dem Anlagenbediener zur Verfügung stellen.	Innerhalb von fünf Minuten zur Zufriedenheit der User	Die fünf Minuten wurden überprüft und eingehalten. Die User sind sehr zufrieden.	100 %
Ausschusskosten senken	Senkung um 20 %, d. h. um 20.000 EUR pro Jahr	In dem einmonatigen Testbetrieb konnte der Ausschuss im Vergleich zum Vormonat um 25 % gesenkt werden.	100 %
Einsparung von manuellen Tätigkeiten	Einsparung von 20 Stunden pro Monat	Einsparung wurde nachgerechnet: Es können 30 Stunden pro Monat eingespart werden.	100 %

Für die Visualisierung der Wärmebehandlungsprüfung wird nach Realisierung des Minimum Viable Product (MVP) gemeinsam im Team das Ergebnis aus der Business-Perspektive bewertet, indem man sich einerseits die Lösung vor Ort ansieht, andererseits mit den Beteiligten spricht und danach gemeinsam den Erfüllungsgrad der Ziele berechnet und bewertet. Hier wird auch der Projektsponsor mit einbezogen. Alle Ziele werden erfüllt, teilweise können sie übertroffen werden, z. B. bei der Einsparung von manuellen Tätigkeiten.

Nutzen

Die Bewertung der Zielerreichung aus der Business-Perspektive erfolgt in der Sprache der Domänenexperten und getrennt von der technischen Bewertung. Damit wird die Fokussierung auf den Business-Nutzen sichergestellt.

Praxistipp

Bei der Bewertung der Ziele sollte man sich – wenn möglich – die Lösung vor Ort ansehen und auch mit den Anwendern sprechen. Wichtig ist auch der Einbezug des Projektsponsors.

9.4 Prozess reviewen

Worum geht es?

Eine Retrospektive ist eine Besprechung, in der das Team die inhaltliche Ebene verlässt und anhand von gezielten Fragen auf die Prozesse und Zusammenarbeit blickt. Man verlässt die tägliche Routine und schaut mit etwas mehr Abstand darauf, was man verbessern könnte. Regelmäßige Retros haben sich im agilen Projektmanagement fix etabliert und sind auch bei Data Science Use Cases sehr sinnvoll, um insbesondere die durchaus anspruchsvolle interdisziplinäre Zusammenarbeit zu optimieren. Wichtig ist, dass ein Moderator durch die Retro führt und den Prozess moderiert. Es gibt eine Vielzahl an möglichen Retro-Methoden, am gängigsten ist die Methode „Keep-Stop-Start".

Wie gehe ich vor?

1. Review-Workshop vorbereiten: Zunächst ist sicherzustellen, dass alle relevanten Teammitglieder bei der Retro anwesend sind und der Raum entsprechend vorbereitet ist. Als Moderationsmedien braucht man eine Pinwand oder Flipcharts, wo entsprechende Flächen für die drei Fragen reserviert sind und die Fragen bestenfalls schon visualisiert wurden. Der Moderator erklärt die Spielregeln und schwört das Team darauf ein, nicht über aktuelle Tagesgeschäftsthemen zu reflektieren, sondern den Prozess der Zusammenarbeit zu betrachten.

2. Rückmeldungen sammeln: Der Moderator diskutiert nacheinander die folgenden Fragen:

- Was sollten wir weiterhin tun (KEEP)?
- Womit sollten wir aufhören (STOP)?
- Womit sollten wir beginnen (START)?

Die Rückmeldungen werden dokumentiert und geklärt. Es muss sichergestellt sein, dass die Bedeutung der Rückmeldungen klar ist und der jeweilige Aspekt genügend präzise formuliert ist und einheitlich verstanden wird. Danach kann bei Bedarf hinsichtlich Relevanz priorisiert werden.

3. Handlungen ableiten: Die Reihenfolge im Sinne von KEEP-STOP-START hat sich in der Praxis bewährt, weil die letzte Frage die perfekte Überleitung zur Ableitung von konkreten Verbesserungsmaßnahmen darstellt. Wichtig hierbei ist, dass konkrete Verantwortlichkeiten und Termine festgelegt werden.

Retrospektive: Keep – Stop – Start

Vorgehensweise

1. Review-Workshop vorbereiten
2. Rückmeldungen sammeln
3. Handlungen ableiten

Use-Case-Einführung in Elektronikindustrie

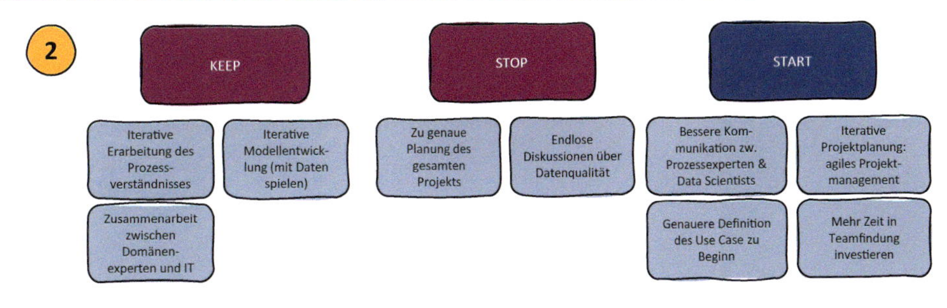

3 Abgeleitete Maßnahmen

Was?	Wer?	Bis wann?
Bei der nächsten Iteration einen Workshop zur Klärung des Use Case zwingend durchführen	Hr. X	Ende Januar
Question Zero in den Machine-Learning-Leitfaden aufnehmen	Fr. Y	Ende Dezember

Im Rahmen der Retrospektive wurde festgestellt, dass viele Vorgehensweisen bereits gut funktionieren, z. B. die Zusammenarbeit zwischen IT und Domänenexperten oder die iterative Vorgehensweise bei der Erarbeitung der Modelle. Dennoch hat man gelernt, dass eine zu genaue Planung und Ressourcen-Abschätzung zu Beginn zu vermeiden ist. Auch ist genauer darauf zu achten, dass der Use Case zu Beginn von allen Beteiligten ausreichend verstanden wird. Dies verbessert auch die Kommunikation zwischen Domänenexperten und Data-Science-Spezialisten. Als konkrete Maßnahmen wurde vereinbart, einen Workshop zur Klärung des Use Case mittels Question Zero für die nächste Iteration durchzuführen.

Nutzen

Die gemeinsame Reflexion des Prozesses ist die Basis dafür, bei der nächsten Iteration bzw. der nächsten Idee Effektivität und Effizienz zu verbessern. Das Team schaufelt sich die Zeit frei, um die Zusammenarbeit und Abläufe zu optimieren.

Praxistipp

Wichtig ist, zu Beginn darauf hinzuweisen, dass es nicht um den konkreten Use Case geht, sondern darum, wie die Vorgehensweise und Zusammenarbeit gelaufen sind. Üblicherweise startet man mit den positiven Aspekten (KEEP).

10 Lösung einführen und industrialisieren

Um den Nutzen der trainierten Machine-Learning-Modelle oder auch der Visualisierungslösungen zu realisieren, muss die Lösung produktiv gesetzt, d. h. benutzerfreundlich den Anwendern zur Verfügung gestellt werden. Bei Machine-Learning-Lösungen ist im Rahmen der Produktivsetzung sicherzustellen, dass die Modelle mit Live-Daten versorgt werden und für den Anwender die Möglichkeit geschaffen wird, entsprechende Eingaben vorzunehmen.

Im Vergleich zur Lernphase ergeben sich dadurch völlig neue Anforderungen an die IT-Infrastruktur mit den dazugehörigen Data Pipelines.

Insgesamt sind die folgenden Schritte durchzuführen:

- Nicht-funktionale Anforderungen und Architekturtreiber identifizieren
- Entscheidung bezüglich Cloud und Servicemodellen treffen
- IT-Infrastruktur für die Produktivsetzung erarbeiten
- IT-Architekturvarianten bewerten und entscheiden
- Data-Science-Lösung einführen und Vertrauen aufbauen

Als Startpunkt werden zunächst die nicht-funktionalen Anforderungen an die Lösung erarbeitet und darauf basierend die Anforderungen identifiziert, die für die spätere IT-Architekturentscheidung maßgeblich sind und daher als Architekturtreiber bezeichnet werden.

Nach einer Grundsatzentscheidung bezüglich On-Premises oder Cloud sind nun mögliche IT-Infrastruktur-Lösungen auszuarbeiten, um die neuen Anforderungen beispielsweise hinsichtlich User Interface und Bedienerfreundlichkeit zu erfüllen.

Oftmals existieren hierfür unterschiedliche Architekturvarianten, und es ist notwendig, diese systematisch gegenüberzustellen, um die für den jeweiligen Use Case passende Variante auszuwählen.

Nach dieser Entscheidung kann mit der Einführung der Lösung begonnen werden, wobei hier großer Wert darauf zu legen ist, entsprechende vertrauensbildende Maßnahmen zu setzen.

10.1 Nicht-funktionale Anforderungen und Architekturtreiber identifizieren

Worum geht es?

Die funktionalen Anforderungen sind normalerweise bereits in Form der Use-Case-Beschreibung umfangreich und eindeutig beschrieben. Sie definieren, was die spätere Data-Science-Software-Lösung im Sinne der Funktionalität tun soll. Nicht vergessen werden dürfen jedoch die nicht-funktionalen Anforderungen, die neben der Funktion die wesentlichen Qualitätsanforderungen und Randbedingungen darstellen. Für die Realisierung der Software-Lösung für den Data Science Use Case gibt es meist viele Möglichkeiten, deshalb sind Richtungsgeber notwendig. Hierzu dienen die sogenannten Architekturtreiber, welche oft aus den nicht-funktionalen Anforderungen abgeleitet werden.

Wie geht man vor?

1. Quellen definieren und Anforderungen ableiten: Zunächst sind die wesentlichen Quellen für Anforderungen zu identifizieren, wie beispielsweise die bisherigen Beschreibungen des Use Cases, die Hardware-Ressourcen für das Zielsystem, die bestehenden Plattformen, gesetzliche Anforderungen oder interne Anforderungen an die Testbarkeit bzw. Software-Qualität.

2. ISO 25010 als Vollständigkeitscheck verwenden: Die ISO 25010 ist eine Sammlung von typischen Anforderungen an software-intensive Systeme und eignet sich daher hervorragend, um einen Vollständigkeitscheck durchzuführen und bei Bedarf Anforderungen zu ergänzen.

3. Zielwerte definieren: Danach sind etwaige Zielkonflikte bei den Anforderungen zu identifizieren, um mit den Stakeholdern zu entscheiden, welcher Aspekt wichtiger ist. Beispielsweise kann es Zielkonflikte zwischen Effizienz und Erweiterbarkeit der Software-Lösung geben. Darauf basierend sind die Zielwerte festzulegen, d. h. die konkrete Messbarkeit und Ausprägung zu definieren.

4. Anforderungen in einem System verwalten: Wichtig ist in diesem Zusammenhang auch, dass die Anforderungen in einem System verwaltet werden, um die Nachvollziehbarkeit sicherzustellen, beispielsweise wenn später Anforderungen ergänzt oder geändert werden oder auch um später die Erfüllung der Anforderungen nachzuweisen.

5. Architekturtreiber festlegen: Am Ende sind die Anforderungen zu priorisieren und die entsprechenden Architekturtreiber abzuleiten. Dies sind Anforderungen, welche einen signifikanten Einfluss auf die später auszuwählende Architektur haben. Sie sind daher die Basis für Entscheidungen, welche Lösung zur Realisierung des datengetriebenen Use Cases verwendet wird.

ISO 25010

Vorgehensweise

1. Quellen definieren und Anforderungen ableiten
2. ISO 25010 als Vollständigkeitscheck verwenden
3. Zielwerte definieren
4. Anforderungen in einem System verwalten
5. Architekturtreiber festlegen

Fernwartung von Automatisierungsrobotern

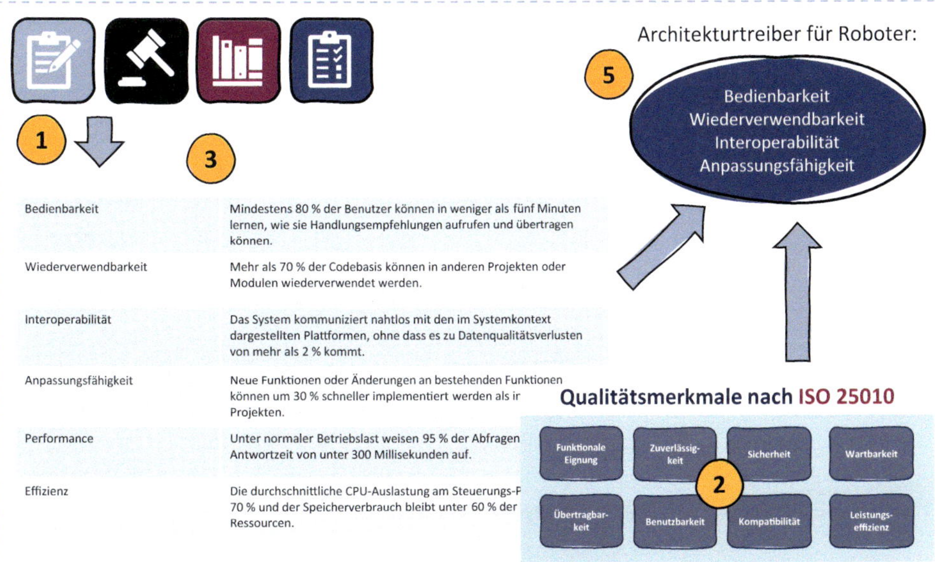

Für die Fernwartung von Automatisierungsrobotern wurden aus den Qualitätsanforderungen nach ISO 25010 vier Charakteristiken als sehr wichtig eingestuft. Bei diesem Projekt liegt ein hoher Fokus auf der Verwendung sowie Weiterverwendung der technischen Lösung. Auch sind weitere Qualitätsanforderungen wichtig wie z. B. die Performance oder die Effizienz der Lösung, jedoch wurden die Bedienbarkeit, Wiederverwendbarkeit, Interoperabilität und Anpassungsfähigkeit als am wichtigsten klassifiziert. Diese Anforderungen sind gleichzeitig die wesentlichen Architekturtreiber.

Nutzen

Nicht-funktionale Anforderungen stellen neben den funktionalen Anforderungen wesentliche Qualitätsanforderungen und Randbedingungen für die zu entwickelnde Lösung dar. Oftmals sind sie wichtige Architekturtreiber.

Praxistipp

Wichtig ist, dass die Anforderungen mit konkreten Zielwerten festgelegt werden, damit die spätere Verifizierung eindeutig möglich ist. Vorher ist es zwingend notwendig, sich über etwaige Zielkonflikte zwischen Anforderungen klar zu werden.

10.2 Entscheidung treffen bezüglich On-Premises oder Cloud-Servicemodellen

Worum geht es?

Bei der Entscheidung zwischen On-Premises und Cloud-Servicemodellen geht es darum zu beurteilen, wo und wie IT-Ressourcen und Anwendungen betrieben werden sollen. On-Premises bedeutet, die Infrastruktur physisch im Unternehmen zu hosten und selbst zu verwalten, was volle Kontrolle, aber auch hohe Anfangsinvestitionen und hohen Wartungsaufwand erfordert. Cloud-Modelle bieten hingegen Flexibilität, Skalierbarkeit und niedrigere initiale Kosten, da Ressourcen als Service von einem Anbieter bezogen und bedarfsorientiert genutzt werden.

Wie geht man vor?

1. Relevante Anforderungen ergänzen: Die Anforderungen an den aktuell zu realisierenden Use Case wurden bereits im vorigen Schritt erarbeitet. Allerdings kann es sein, dass für die Entscheidung On-Premises oder Cloud auch andere und zukünftige Use Cases mitberücksichtigt werden müssen. Jedenfalls lohnt es sich, die erarbeiteten Anforderungen auf Vollständigkeit bezüglich der entscheidungsrelevanten technischen Aspekte wie Speicherbedarf, Rechenleistung und Netzwerkanforderungen zu überprüfen und bei Bedarf zu ergänzen.

2. Perspektive bzw. Langfristigkeit definieren: So weit wie möglich muss erarbeitet werden, wie sich die zu realisierenden Data-Science-Lösungen in den kommenden Jahren entwickeln werden.

3. Sicherheit und Compliance prüfen: Die Sicherheitsanforderungen und regulatorischen Compliance-Standards werden bewertet, um zu bestimmen, ob On-Premises oder Cloud-Anbieter diese besser erfüllen können.

4. Kostenanalyse durchführen: Die Analyse berücksichtigt auch indirekte Kosten wie den Zeitaufwand für Verwaltung und Schulung sowie Risiken und Opportunitätskosten, um im Sinne von TCO (Total Cost of Ownership) ein umfassendes Bild der Kosten über die gesamte Lebensdauer der Lösung zu erhalten.

5. Expertise und Ressourcen erheben: Dies umfasst neben bestehenden Rechenkapazitäten und notwendigen Neuinvestitionen auch die Notwendigkeit, neues Personal einzustellen oder vorhandenes Personal zu schulen.

6. Entscheidung treffen: Eine Entscheidung wird für die Option getroffen, welche die Anforderungen des Unternehmens am besten erfüllt. Möglich ist auch, dass nur ein Teil des Systems in der Cloud betrieben und eine sogenannte Hybrid-Cloud-Lösung ausgewählt wird.

Total Cost of Ownership (TCO)

Vorgehensweise

1. Relevante Anforderungen ergänzen
2. Perspektive bzw. Langfristigkeit definieren
3. Sicherheit und Compliance prüfen
4. Kostenanalyse durchführen
5. Expertise und Ressourcen erheben
6. Entscheidung treffen

CO_2-Optimierungen

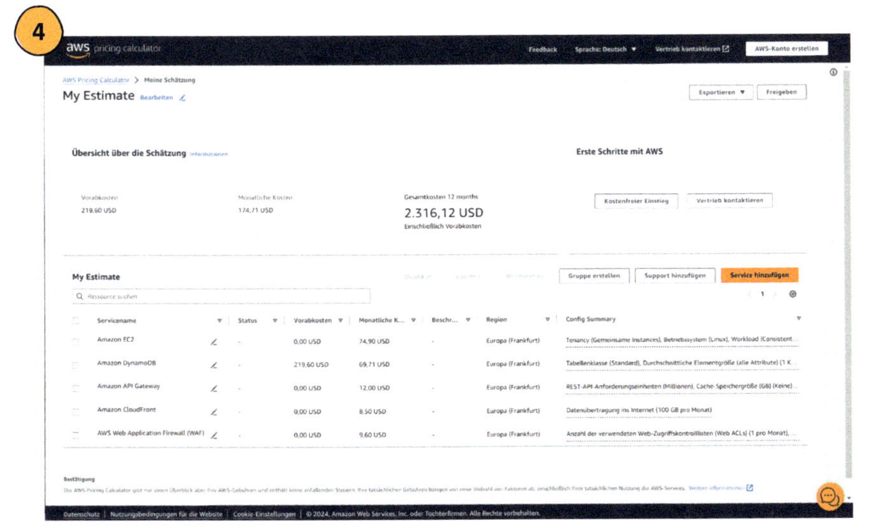

Ein Start-up im Bereich Nachhaltigkeit hat ein Machine-Learning-Modell entwickelt, um seinen Kunden Vorschläge zu CO_2-Optimierungen zu geben. Aktuell gibt es weder technische noch personelle Ressourcen für den eigenen Betrieb einer solchen Plattform. Am Beginn nutzen nur wenige Kunden die Plattform, es ist aber mit einer hohen Anzahl an neuen Kunden nach der Anlaufzeit zu rechnen. Durch eine TCO-Analyse mithilfe des AWS Pricing Calculator wurde festgestellt, dass es wirtschaftlich besser ist, mit verfügbaren Cloud-Services zu arbeiten. Mit geringem Anfangs-Investment können später die Services hochskaliert werden.

Nutzen

Lösungen On-Premises bieten volle Kontrolle, Cloud-Modelle hingegen Flexibilität, Skalierbarkeit und niedrigere initiale Kosten. Eine gute Entscheidung braucht die Klarheit über die unterschiedlichen Lebenszykluskosten im Sinne von Total Cost of Ownership (TCO).

Praxistipp

Auch wenn z. B. Compliance-Anforderungen eine Nutzung von Cloud-Services teilweise verhindern, ergibt es oft trotzdem Sinn, jene Teile des Systems in der Cloud zu betreiben, für welche dies nicht gilt. Dies nennt man Hybrid Cloud.

10.3 IT-Infrastruktur für die Produktivsetzung erarbeiten

Worum geht es?

Um die vorhergehenden Modelliterationen zu ermöglichen, wurde bereits eine IT-Infrastruktur und entsprechende automatisierte Data Ingestion Pipelines realisiert, um Daten aus verschiedenen Quellen zu erfassen und zu verarbeiten. Im Rahmen der Produktivsetzung (Deployment) wird die Trainingsphase beendet, und es beginnt die Inferenzphase, in der die Lösung auf Live-Daten angewendet wird, um zeitnah entsprechende Handlungsempfehlungen darzustellen. Da es nun andere Anforderungen beispielsweise hinsichtlich Skalierbarkeit, Verfügbarkeit, Echtzeitfähigkeit, Sicherheit oder Bedienbarkeit geben wird, muss die IT-Infrastruktur für die Verwendung der Modelle basierend auf den neuen Anforderungen neu erarbeitet werden.

Wie geht man vor?

1. **Analyse der IT-Infrastruktur durchführen:** Am Anfang steht die Überprüfung der bestehenden IT-Infrastruktur dahingehend, ob die existierenden Technologien bereits die Anforderungen hinsichtlich Produktivsetzung erfüllen. Es kann sein, dass andere Technologien zum Einsatz kommen müssen wie beispielsweise MQTT oder Kafka.
2. **Komponentenstruktur entwerfen:** Strukturentscheidungen beinhalten die Identifizierung von Servern, Datenbanken, Netzwerkkomponenten und anderen kritischen Elementen sowie deren Interaktion. Zur Darstellung können geeignete UML-Diagramme (Unified Modeling Language) eingesetzt werden.
3. **Inferenz-Pipeline realisieren:** Im Rahmen der Produktivsetzung muss nun das Machine-Learning-Modell ausfallsicher mit Live-Daten versorgt werden, und es ist ein geeignetes User Interface zu entwickeln, damit der Anwender mit der Lösung interagieren kann. Basierend auf der Komponentenstruktur sind die neuen Abläufe insbesondere die Interaktionen zwischen Anwender und Data-Science-Lösung zu modellieren, wobei hier entsprechende UML-Aktivitäts- oder Sequenzdiagramme genutzt werden sollten.
4. **Orchestrierung und Automatisierung realisieren:** Die Orchestrierung umfasst das Design von Workflows, um die Automatisierung von Prozessen zu ermöglichen, welche im Zusammenhang mit der Produktivsetzung der Lösung stehen. In diesem Schritt werden die Automatisierungstools und -plattformen ausgewählt, die für die Koordination der verschiedenen Systemkomponenten und Prozesse benötigt werden.
5. **Skalierbarkeit sicherstellen:** Abschließend wird die Architektur so erweitert, dass sie skalierbar ist und mit der Organisation wachsen kann. Es werden Strategien entwickelt, um das System bei steigendem Datenvolumen oder bei wachsender Anzahl von Endgeräten zu erweitern.

UML (Unified Modeling Language) Komponenten- und Aktivitätsdiagramme

Vorgehensweise

1. Analyse der IT-Infrastruktur durchführen
2. Komponentenstruktur entwerfen
3. Inferenz-Pipeline realisieren
4. Orchestrierung und Automatisierung realisieren
5. Skalierbarkeit sicherstellen

Intelligente Prozesssteuerung

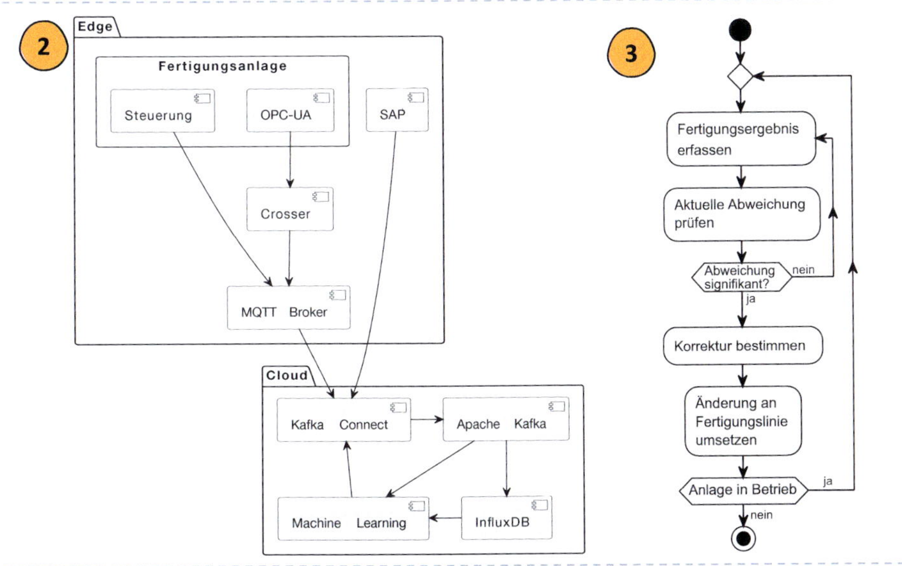

Zur rechtzeitigen Ableitung von Qualitätsverbesserungen fließen Daten einer Fertigungsanlage in ein Prognosemodell ein. Dazu ist es notwendig, dass alle Daten der Fertigungsanlage, aber auch weitere Daten wie das Prozessleitsystem oder Umgebungsdaten wie Temperatur erfasst und gespeichert werden. Hierfür wurde eine Pipeline mittels MQTT und weiteren Technologien wie Crosser und Apache Kafka realisiert, welche die Daten aus den unterschiedlichen Systemen aufnimmt und in der Cloud-Datenbank speichert.

Nutzen

Um die Anforderungen an die Produktivsetzung von Data-Science-Lösungen zu erfüllen, muss die entsprechende IT-Infrastruktur entworfen und realisiert werden. Dies erfordert systematische Architekturarbeit und Software-Entwicklung.

Praxistipp

Beim Entwurf von Data-Science-Lösungen ist immer darauf zu achten, dass nicht nur die Struktur abgebildet wird, sondern dass es auch entsprechende Abläufe mit Verzweigungen gibt. Zur Dokumentation eignen sich hierzu UML-Aktivitäts- oder Sequenzdiagramme.

10.4 IT-Architekturvarianten bewerten und entscheiden

Worum geht es?

Im Rahmen der Erarbeitung von möglichen Lösungen für die IT-Architektur kann es vorkommen, dass mehrere Alternativen zur Verfügung stehen, die sich alle durch spezifische Vor- und Nachteile auszeichnen. Eine Entscheidung, welche der Optionen für den vorliegenden Use Case die geeignetste ist, kann nicht so einfach getroffen werden und braucht eine fundierte Bewertung. Bei derartig wichtigen Entscheidungen bieten sich analytische Bewertungsmethoden wie beispielsweise die Pugh-Matrix an, die mit vorab definierten Kriterien arbeiten und sich daher durch höhere Objektivität und Nachvollziehbarkeit auszeichnen.

Wie geht man vor?

1. **Bewertung vorbereiten:** Zunächst sollten im Team nochmals die relevanten Architekturtreiber in Erinnerung gerufen werden. Danach werden die verschiedenen Varianten erläutert und im Team diskutiert. Wichtig ist, dass die verschiedenen Optionen in einem ähnlichen Detaillierungsgrad ausgearbeitet wurden und die Unterschiede wirklich verstanden werden.

2. **Bewertung durchführen:** Die Pugh-Matrix ist so aufgebaut, dass die Architekturvarianten als Spalten und die Bewertungskriterien als Zeilen dargestellt werden. Eines der Konzepte wird als Vergleichsbasis gewählt und die Alternativen werden zu dieser Referenz mit besser (+), schlechter (–) oder gleich (0) eingestuft. Der Vorteil besteht darin, dass durch den relativen Vergleich die Bewertung einfacher und damit schneller durchgeführt werden kann. Wichtig ist jedoch, dass hier nicht einfach ein Besser oder Schlechter vergeben wird, sondern dass im Team diskutiert wird, warum das Konzept in Bezug auf dieses Kriterium besser oder schlechter abschneidet und dass dies auch inhaltlich begründet wird.

3. **Summe und Rangfolge berechnen:** Die Auswertung der Pugh-Matrix erfolgt, indem eine Summenbewertung für jede Variante errechnet wird, indem besser (+) einen Pluspunkt, gleich (0) keinen Punkt und schlechter (–) einen Minuspunkt erhält. Die Variante mit der höchsten Summe erhält die Rangfolge 1.

4. **Ergebnis diskutieren und Entscheidung treffen:** Wie bei allen Bewertungsmethoden sollte nicht blind der mathematisch ermittelten Rangfolge der Methode gefolgt werden. Das Ergebnis ist zu diskutieren und zu plausibilisieren, um danach eine entsprechende Entscheidung zu treffen.

Pugh-Matrix

Vorgehensweise

1. Bewertung vorbereiten
2. Bewertung durchführen
3. Summe und Rangfolge berechnen
4. Ergebnis diskutieren und Entscheidung treffen

Bedarfsvorhersage von Rohstoffen

Kriterien	Architektur A	Architektur B	Architektur C	Architektur D
Funktionalität	0	0	0	0
Antwortzeitverhalten	0	+	–	+
Fehlertoleranz	0	0	0	0
Wiederverwendbarkeit	0	+	–	–
Austauschbarkeit	0	+	–	–
Summe:	**0**	**3**	**–3**	**–1**
Rangfolge:	**2.**	**1.**	**4.**	**3.**

Für ein Projekt zur Prädiktion von Rohstoffbedarfen ist eine IT-Infrastruktur erforderlich, die das Erheben von großen Datenmengen in Echtzeit sicherstellt. Als wesentliche Architekturtreiber wurden neben der Funktionalität die Aspekte Antwortzeitverhalten, Fehlertoleranz, Wiederverwendbarkeit und Austauschbarkeit abgeleitet. Während es bei der Funktionalität keine Unterschiede gibt, besticht Variante B insbesondere durch Antwortzeitverhalten, Wiederverwendbarkeit und Austauschbarkeit und wurde daher im Team ausgewählt.

Nutzen

Die Vorgehensweise zwingt das Team, systematisch den Vergleich zu den Architekturtreibern herzustellen und somit die beste Architektur auszuwählen.

Praxistipp

Es ist sicherzustellen, dass alle Varianten im gleichen Detaillierungsgrad vorliegen. Technische und wirtschaftliche Aspekte sollten getrennt bewertet werden, um beide Aspekte gleichberechtigt in der Bewertung zu berücksichtigen.

10.5 Data-Science-Lösung einführen und Vertrauen aufbauen

Worum geht es?

Mit dem Data Science Use Case wird man nur dann erfolgreich sein, wenn der Anwender ein entsprechendes Vertrauen in die Lösung aufgebaut hat. Handelt es sich um eine Dashboard-Lösung, so bedeutet das, dass der Anwender davon überzeugt ist, dass die dargestellten Informationen korrekt sind. Bei einem Prädiktionsmodell glaubt der Anwender an die Richtigkeit des Modells und folgt den Empfehlungen voller Vertrauen. Essenziell hierbei ist es, dass die Lösung gemeinsam mit den Domänenexperten entwickelt wurde und die Anwender rechtzeitig einbezogen wurden. Darüber hinaus verdient der Einführungsprozess eine besondere Aufmerksamkeit, der näher erläutert wird und auf den Ausarbeitungen des „People + AI Guidebook“ von Google basiert.

Wie geht man vor?

1. **Den Nutzen für die Anwender erarbeiten:** Zunächst ist der Nutzen für die Anwender zu präzisieren und in verständlicher Form aufzubereiten. Darauf basierend ist gemeinsam mit den Anwendern die Einführungsstrategie festzulegen: Beispielsweise kann es sehr sinnvoll sein, eine umfassende Testphase einzuplanen.

2. **Die mentalen Modelle der Anwender verstehen:** Oftmals erfordert die Einführung einer Data-Science-Lösung von den Anwendern die Änderung von liebgewonnenen Verhaltensweisen. Um besser beurteilen zu können, was sich für die Anwender ändert und wie man diese darauf vorbereitet, muss man sich in die Situation der Anwender hineinversetzen und die bisherige Arbeitsweise – man kann das auch als die mentalen Modelle der Anwender bezeichnen – ausreichend verstehen.

3. **Möglichkeiten und Grenzen der Lösung erklären:** Neben den Vorteilen ist es auch notwendig, die Grenzen der Lösung offen darzustellen, um keine unrealistischen Erwartungen zu wecken. Es ist zu kommunizieren, dass man gemeinsam mit den Anwendern die Lösung verbessern will. Dadurch werden die Menschen einbezogen mit der klaren Botschaft: „Nur wir gemeinsam können eine wirklich richtig gute Lösung entwickeln und dein Domänenwissen hierzu ist entscheidend. “

4. **Die Möglichkeiten von XAI nutzen:** Gemeinsam mit den Anwendern sollte man danach trachten, die grafische Bedieneroberfläche so zu optimieren, dass bei Prognosemodellen im Live-Betrieb nicht nur das Ergebnis, sondern auch die Begründung dargestellt wird. Hier kann man beispielsweise den „Individual SHAP Value Plot“ nutzen.

5. **Mit Anwendern gemeinsam lernen:** Schließlich ist festzulegen, wie man das gemeinsame Lernen sicherstellt und wie die Anwender auch sehr zeitnah Feedback geben können.

People + AI Guidebook by Google

Vorgehensweise

1. Den Nutzen für die Anwender erarbeiten
2. Die mentalen Modelle der Anwender verstehen
3. Möglichkeiten und Grenzen der Lösung erklären
4. Die Möglichkeiten von XAI (SHAP) nutzen
5. Mit Anwendern gemeinsam lernen

Automatische Ursachenanalyse bei Störungen

1 Im Team wurde der Vorteil für die Anlagenbediener erarbeitet, nämlich dass bei Stillstand schneller der Fehler gefunden wird und die eigene Prämie höher wird. Eine Infoveranstaltung und Testphase wurden vereinbart.

2 Bisher wurde aufgrund des Erfahrungswissens intuitiv der Fehler gesucht, wobei dadurch die jüngste Vergangenheit stärker gewichtet wird. Nun muss gemäß Algorithmus vorgegangen werden.

Nutzen für Anwendung und Einführungsstrategie erarbeiten

Die mentalen Modelle der Anwender verstehen

Möglichkeiten und Grenzen der Lösung definieren

Die Möglichkeiten von XAI nutzen

Gemeinsames Lernen sicherstellen

Feedbackmöglichkeiten durch Anwender schaffen

3 Es wurde im Team ausgearbeitet, dass der Algorithmus nur für bereits bekannte Fehler und Ursachen eingesetzt werden kann.

4 Es wurde eine Darstellung erarbeitet, die dem Anwender aufbereitet, welche Ursachen für welche Probleme mit welcher Wahrscheinlichkeit hinterlegt sind.

5 Einmal im Monat werden die Erfahrungen der Anwender in Lernworkshops diskutiert, um gemeinsam den Algorithmus zu verbessern.

Mitarbeitenden aus der Instandhaltung wird bei auftretenden Störungen ein Algorithmus zur Verfügung gestellt, um Fehler schneller zu finden. Es werden eine Reihe von vertrauensbildenden Maßnahmen abgeleitet: Es wird eine umfassende Testphase definiert. Die Grenzen des Algorithmus werden dargestellt mit der Bitte, diesen gemeinsam zu optimieren und zu verbessern. In regelmäßigen Abständen werden gemeinsam Lernworkshops vereinbart, und zusätzlich wird den Instandhaltungsmitarbeitenden die Möglichkeit gegeben, spontan Feedback zu geben.

Nutzen

Der Nutzen des Data Science Use Case kann nur dann realisiert werden, wenn die Lösung auch akzeptiert wird, d. h. beispielsweise der Anwender der Empfehlung eines Modells vertrauensvoll folgt.

Praxistipp

Bei der konkreten Ausgestaltung der vertrauensbildenden Maßnahmen hat es sich bewährt, die späteren Anwender miteinzubeziehen, z. B.: In welcher Form möchtet ihr Feedback geben?

11 Lösung warten und aktualisieren

Wurde das Modell erfolgreich produktiv gesetzt, muss die eingeführte Lösung kontinuierlich gewartet und aktualisiert werden. In diesem Zusammenhang kann man zwischen Retraining und Modelliteration unterscheiden. Unter Retraining versteht man im Machine Learning die erneute Durchführung eines Trainings, d.h. ein bestehendes Modell wird mit neuen Daten trainiert. Die Features, der Modellalgorithmus und der Hyperparameter-Suchbereich bleiben unverändert. Werden die letztgenannten Aspekte verändert, dann spricht man von Modelliteration. Die Aufwendungen für Retraining und Modelliterationen dürfen nicht unterschätzt und müssen bei der Wirtschaftlichkeitsbetrachtung von Use Cases mitbetrachtet werden, also bereits bei der Business-Case-Bewertung.

Insgesamt sind die folgenden Schritte notwendig:

- Alterungsverhalten des Modells beschreiben
- Online-Überwachung für Modelldrift erarbeiten
- Online-Überwachung für Datendrift erarbeiten
- Aktualisierungsstrategie festlegen
- Training und Wartung von Machine-Learning-Modellen automatisieren

Zunächst ist es essenziell, Wissen über das Alterungsverhalten des Modells oder auch der Visualisierungslösung zu erarbeiten. Es geht um die Frage: Welche Gründe kann es geben, dass die Lösung altert? Welche Veränderungen in den Daten oder in der Umgebung (z.B. Werkzeugwechsel) können dazu führen, dass das Modell nicht mehr funktioniert?

Basierend auf diesem Verständnis ist es lohnend, die bestehenden Lerndaten zu analysieren, um zusätzliche Informationen über das Alterungsverhalten des Modells zu erhalten. Beispielsweise kann analysiert werden, wie sich die Performance des Modells verändert, wenn der Umfang der Lerndaten oder der zeitliche Abstand zwischen Training und Test verändert wird.

Mit diesem Wissen ist auszuarbeiten, mit welchen Methoden die Veränderungen in der Modell-Performance während des Online-Betriebs des Modells erkannt werden können.

Darauf basierend ist die Strategie für die Aktualisierung des Modells festzulegen. Dies umfasst die Entscheidung, ob in fixen Abständen oder basierend auf den Ergebnissen der Online-Überwachung erneut trainiert werden soll. Es kann auch eine Kombination der beiden Vorgehensweisen gewählt werden. In der Strategie für die Modellaktualisierung ist auch festgelegt, welche Trainingsdaten für das Retraining gewählt werden, wie das Freigabeprozedere zu erfolgen hat und ab wann eine neue Modelliteration durchzuführen ist.

Danach gilt es, den Aktualisierungs- und Überwachungsprozess umzusetzen und zu automatisieren.

11.1 Alterungsverhalten des Modells beschreiben

Worum geht es?

Machine-Learning-Modelle sind einem Alterungsprozess ausgesetzt. Daher ist es notwendig, die Modelle wiederkehrend anzupassen und gegebenenfalls neue Muster zu lernen. Jedes Modell braucht eine spezifische Strategie für die Aktualisierung, weil generelle Aussagen über die Stabilität eines Modells nicht getroffen werden können. Diese Strategie muss auf einem ausreichenden Wissen über das Alterungsverhalten der Lösung basieren.

Wie geht man vor?

1. **Modelldrift präzisieren:** Wenn ein Prognosemodell im Laufe der Zeit seine Vorhersagekraft verliert, wird dies als Modelldrift bezeichnet. Dies kann zwei wesentliche Ursachen haben: Konzeptdrift oder Datendrift. Eine Konzeptdrift tritt dann auf, wenn sich die Abhängigkeiten zwischen den Eingangsgrößen und Zielgrößen ändern. Der Begriff Datendrift wird verwendet, wenn sich die für das Trainieren der Modelle verwendeten Eigenschaften der Rohdaten und die daraus abgeleiteten Features verändern. Gemeinsam im Team ist zu erarbeiten, ob es zur Modelldrift kommen kann und welche Ursachen dafür verantwortlich sein können.

2. **Lernkurve analysieren:** Um einen ersten Hinweis zu bekommen, wie viele Daten für die Aktualisierung notwendig sind, ist es sinnvoll, die Lernkurve des Trainings zu untersuchen. Hat man beispielsweise Trainingsdaten über fünf Wochen und stellt fest, dass sich die Modell-Performance schon nach einem Datenumfang von drei Wochen nicht weiter verbessert, können Daten für die Aktualisierung eingespart und Kosten reduziert werden.

3. **Alterungseffekte empirisch bestimmen:** Bereits im ersten Schritt wurde von den Domänenexperten abgeschätzt, wie schnell die Performance des Modells sinken könnte. Zusätzlich sollte man anhand der Lerndaten den Alterungseffekt aus der Vergangenheit empirisch bestimmen. Beispielsweise kann ein Trainingsdatensatz der Vergangenheit verwendet werden, um zu sehen, ab welchem Zeitverzug das trainierte Modell nicht mehr die erforderliche Performance aufweist.

4. **Umgang mit alten Daten festlegen:** Schließlich ist noch die Frage zu klären, ob die alten Daten aus dem Modell entfernt werden sollen. Auch hier kann ein experimenteller Zugang gewählt werden. Stellt man fest, dass das Modell durch das Löschen der alten Daten schlechter wird, werden die Daten behalten. Hat das Löschen der alten Daten keinen Einfluss auf die Qualität, ist es vermutlich sinnvoll, die alten Daten zu löschen, weil die Modell-Updates einfacher werden. Außerdem bedeutet dies, dass das Modell besser wird, wenn es die alten Muster vergisst.

Vorgehensweise

1. Modelldrift präzisieren
2. Lernkurve analysieren
3. Alterungseffekte empirisch bestimmen
4. Umgang mit alten Daten festlegen

Alterung eines Regressionsmodells

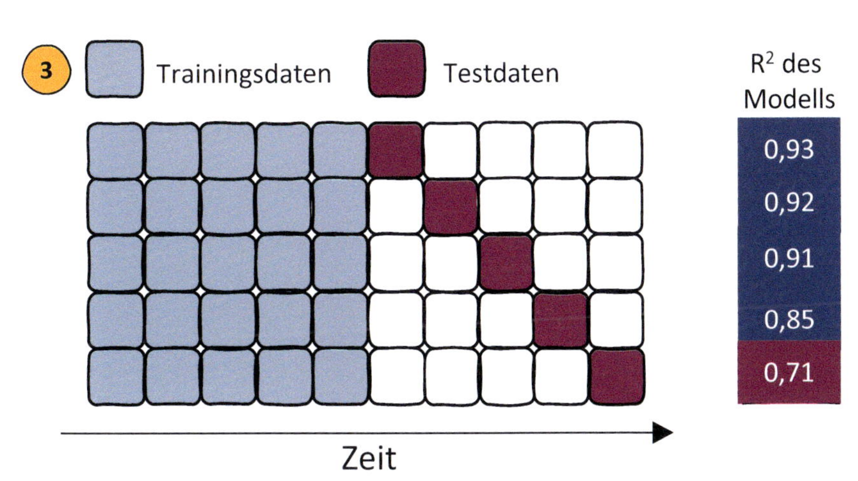

Ein Trainingsdatensatz der Vergangenheit wird verwendet, um zu erkennen, ab welchem Zeitverzug das trainierte Modell nicht mehr die erforderliche Performance (gemessen mit dem Bestimmtheitsmaß R^2) aufweist. In dem Diagramm repräsentiert jede Zeile den Status eines Regressionsmodells, jede Spalte einen Monat. Das Modell wurde fünf Monate lang trainiert. In den ersten drei Monaten weist es ein hohes Bestimmtheitsmaß von 0,9 oder höher auf. Nach drei Monaten hat sich das Bestimmtheitsmaß leicht verschlechtert, nach fünf Monaten ist eine signifikante Verschlechterung eingetreten, wie man am Bestimmtheitsmaß des Regressionsmodell mit nur mehr 71 % erkennen kann. Daraus kann man schließen, dass das Modell alle fünf Monate zu aktualisieren ist.

Nutzen

Jedes Modell braucht eine spezifische Strategie für die Aktualisierung im Sinne von Retraining oder Modelliteration. Diese Strategie muss auf einem ausreichenden Wissen über das Alterungsverhalten der Lösung basieren.

Praxistipp

Um das Alterungsverhalten von Prädiktionsmodellen optimal zu verstehen, sollte man auf eine Kombination von Domänenwissen und empirischem Wissen aufgrund der bereits vorhandenen Lerndaten setzen.

11.2 Online-Überwachung für Modelldrift erarbeiten

Worum geht es?

Kann bei Prädiktionsmodellen während des Einsatzes das tatsächliche Ergebnis (Ground Truth) zeitnah und zuverlässig ermittelt werden, ist es möglich, die tatsächliche Performance des Modells zu berechnen (z. B. über das Bestimmtheitsmaß bei der Regression oder Precision/Recall bei Klassifizierungsaufgaben) und mit einem Zielwert zu vergleichen. Auf diese Weise kann man feststellen, ob früher als geplant eingegriffen werden muss oder ein geplantes Retraining übersprungen werden kann, weil alles in Ordnung ist.

Wie geht man vor?

1. Klärung, ob Ground Truth ermittelbar ist: Zunächst ist im Team zu klären, ob die tatsächliche Performance des Modells überhaupt berechenbar ist. Dazu müssen die tatsächlichen Werte (Ground Truth) zeitnah und in geeignetem Umfang zur Verfügung stehen, weil beispielsweise das Modell in der Fertigung eingesetzt wird und dort der tatsächliche Wert regelmäßig gemessen wird. Die Messung muss auch wirtschaftlich möglich sein.

2. Performance Monitoring definieren: Hierzu eignen sich diejenigen Kennzahlen, die bei der Modellbewertung verwendet wurden. Typischerweise wird das Bestimmtheitsmaß oder der mittlere quadratische Fehler (MSE) verwendet, wenn es sich um Regressionsaufgaben handelt, oder die Kennzahlen Precision und Recall bei Klassifizierungsaufgaben.

3. Bedingungen festlegen für Aktualisierung: Wenn die Performance zu schlecht wird, wird automatisch eine Modellaktualisierung ausgelöst. Die Festlegung des entsprechenden Schwellwerts kann nur anwendungsspezifisch erfolgen und basiert auf einem guten Verständnis für den Use Case und den betroffenen Prozess. Eine bestimmte Modellverschlechterung kann bei manchen Use Cases dramatisch sein, in anderen Fällen kaum eine Rolle spielen. Im Idealfall werden die Schwellenwerte bereits zu Beginn im Business Understanding festgelegt. Beispielsweise kann fixiert werden, dass ab einer Recall kleiner 95 % ein Retraining stattfinden soll. Sollte danach die Performance noch immer kleiner als 95 % sein, wird eine Modelliteration durchgeführt.

4. Laufende Aufbereitung festlegen: Schließlich ist noch zu definieren, in welcher Form die Ergebnisse der Online-Überwachung aufbereitet werden sollen.

Performance Monitoring

Vorgehensweise

1. Klärung, ob Ground Truth ermittelbar ist
2. Performance Monitoring definieren
3. Bedingungen festlegen für Aktualisierung
4. Laufende Aufbereitung festlegen

Optimierung der Klebermenge

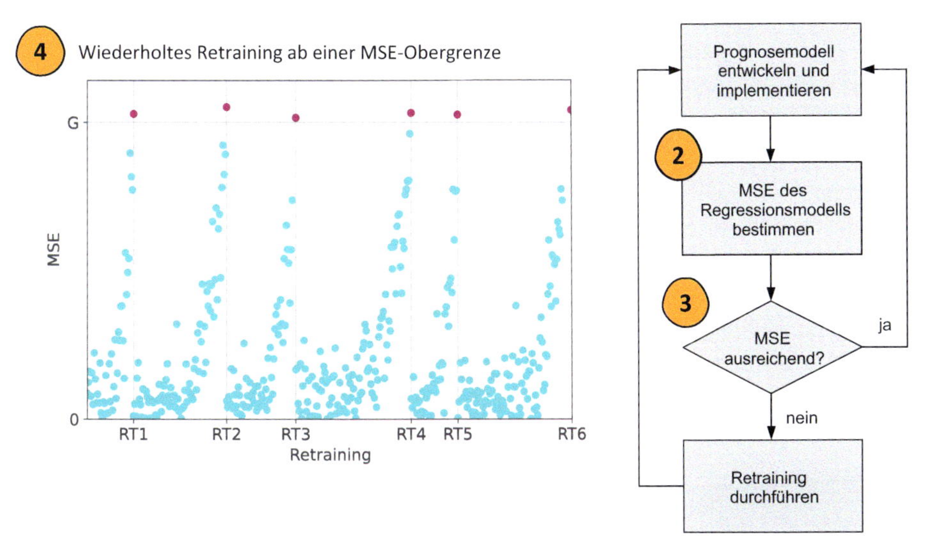

Für eine kostenoptimale Klebung wird ein Prädiktionsmodell eingesetzt, das die Klebefestigkeit auf Basis von Geometriedaten und Klebermenge prognostiziert. Nachdem die Ground Truth (tatsächliche Klebefestigkeit) ohnedies in regelmäßigen Abständen ermittelt wird, kann der mittlere quadratische Fehler (MSE) des Modells als Kennzahl für die Online-Überwachung dienen. Steigt der MSE-Wert über einen Grenzwert G, soll ein Retraining stattfinden. In einem Grafana-Dashboard werden die MSE-Werte aktualisiert und angezeigt, sodass man ständig über die aktuelle Performance des Modells informiert ist.

Nutzen

Kann bei Prognosemodellen im Live-Betrieb das tatsächliche Ergebnis (Ground Truth) ermittelt werden, so kann ständig die Performance des Modells überwacht und eine Alterung des Modells sofort erkannt werden.

Praxistipp

Ab wann ein Retraining ausgelöst wird, ist stark vom Anwendungsfall abhängig. Daher müssen die Performance-Untergrenzen gemeinsam mit den Domänenexperten festgelegt werden.

11.3 Online-Überwachung für Datendrift erarbeiten

Worum geht es?

Eine mögliche Ursache für die Modelldrift besteht darin, dass sich die Input-Daten verändert haben. Daher ist es sinnvoll, neben der Modelldrift auch die Datendrift online zu überwachen. Zum einen liefert das Wissen über Datendrift eine konkrete Handlungsempfehlung, weil bei Datendrift in der Regel ein Retraining ausreichend sein wird, während bei einer Konzeptdrift eine Modelliteration notwendig ist. Zum anderen kann es vorkommen, dass die Modelldrift nicht wirtschaftlich ermittelt werden kann und die Überwachung der Datendrift die einzige Möglichkeit ist, zumindest teilweise eine Modelldrift zu erkennen.

Wie geht man vor?

1. **Verteilung der Eingangs- und Ausgangsgrößen bestimmen:** Eine Änderung des Wertebereichs oder aber auch der Verteilungsform von Eingangs- und Ausgangsgrößen kann zu einer signifikanten Verschlechterung der Modell-Performance führen. Neben der Überwachung der Verteilung der Eingangsgrößen lohnt es sich immer, auch die Verteilung der Zielvariablen zu überwachen. Die Aufgabe besteht somit darin, die Verteilungsformen der Input- und Output-Größen in den Trainingsdaten zu bestimmen, sofern dies nicht ohnedies im Zuge der Datenaufbereitung durchgeführt wurde, indem beispielsweise entsprechende Histogramme erstellt und Tests auf Verteilungsformen durchgeführt werden.

2. **Geeignete Verteilungstests festlegen:** Entsprechende statistische Tests wie beispielsweise Population Stability Index (PSI) oder Kolmogorow-Smirnow-Test sind zu definieren, die regelmäßig durchgeführt werden, um Veränderungen in der Verteilung zwischen den Lerndaten und den aktuellen Daten sofort zu erkennen.

3. **Korrelationen der Input-Größen bestimmen:** Zusätzlich kann man die paarweisen Korrelationen zwischen den Features überwachen, weil viele Modelle davon ausgehen, dass die Beziehungen zwischen Features stabil bleiben müssen. Dazu müssen zunächst die Korrelationen der Input-Größen in den Lerndaten bestimmt werden.

4. **Überwachung der Korrelationen festlegen:** Danach ist festzulegen, wie die Korrelationen überwacht werden sollen, ob dies grafisch geschieht oder durch geeignete statistische Tests wie zum Beispiel den z-Test von Fisher oder den Population Stability Index (PSI).

5. **Laufende Aufbereitung festlegen:** Sehr zu empfehlen ist es, dass die Ergebnisse der Online-Überwachung über Dashboards zur Verfügung gestellt und automatisch Warnungen angezeigt werden, wenn die Veränderungen signifikant sind.

Statistische Tests wie PSI, Kolmogorow-Smirnow oder z-Test von Fisher

Vorgehensweise

1. Verteilung der Ein- und Ausgangsgrößen bestimmen
2. Geeignete Verteilungstests festlegen
3. Korrelationen der Input-Größen bestimmen
4. Überwachung der Korrelationen festlegen
5. Laufende Aufbereitung festlegen

Datendrift bei nichtlinearen Regressionsmodellen

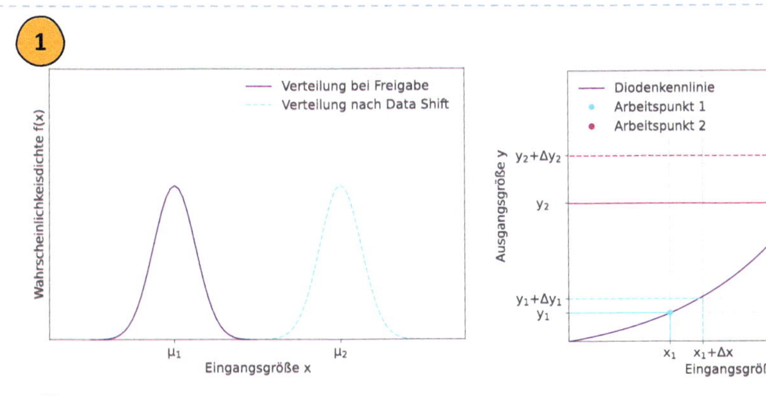

2

Test auf Verteilung

- Population Stability Index (PSI)
- Kolmogorow-Smirnow-Test

Zur Optimierung von Maschineneinstellungen wird ein Regressionsmodell eingesetzt, das einen linearen funktionalen Zusammenhang zwischen einem Einstellparameter x und einem Qualitätsmerkmal y beinhaltet. Ändert sich der Einstellparameter um Δx, prognostiziert das Modell eine Änderung des Qualitätsmerkmals um Δy. Aufgrund der im Regressionsmodell nicht abgebildeten Nichtlinearität würde die Veränderung des Arbeitspunktes (AP) für den Einstellparameter von AP1 auf AP2 die Wirksamkeit des Prognosemodells verschlechtern. Daher wird beschlossen, die Lage und Verteilungsform der Einstellparameter mithilfe des PSI kontinuierlich zu überwachen.

Nutzen

Während bei einer Modelldrift eine Modelliteration notwendig ist, ist bei einer Datendrift ein Retraining ausreichend. Oftmals kann die Modelldrift gar nicht überwacht werden, sodass man sich auf die Datendrift fokussieren muss.

Praxistipp

Es gibt eine Reihe von statistischen Tests wie beispielsweise den Population Stability Index (PSI) zur Überwachung von Verteilungen oder den z-Test von Fisher zur Überwachung von Korrelationen.

11.4 Aktualisierungsstrategie festlegen

Worum geht es?

Die Festlegung der geeigneten Aktualisierungsstrategie von Prognosemodellen umfasst insbesondere die Entscheidung, wie oft und wann das Modell aktualisiert werden soll. Wenn zu früh retrainiert wird, wird keine Verbesserung erreicht, aber es entstehen Kosten. Wenn zu spät trainiert wird, ist das Modell bereits veraltet. Hierbei darf man nicht vergessen, dass beim Retraining nicht nur Data-Science-Experten involviert sind, sondern auch die Stakeholder und Domänenexperten, die das neue Modell freigeben müssen. Die Modellaktualisierung sollte daher so oft wie nötig und so selten wie möglich stattfinden.

Wie geht man vor?

1. **Grundsätzliche Aktualisierungsstrategie festlegen:** Basierend auf den bisherigen Erkenntnissen ist grundsätzlich zu klären, wie die Aktualisierungsstrategie aussehen soll. Eine Kombination von einerseits fixen Intervallen, in denen ein Retraining eingeplant ist, mit zusätzlicher Online-Überwachung hat sich in der Praxis bewährt. Je nach Überwachungsergebnis kann dann früher trainiert oder ein Retraining übersprungen werden.

2. **Datenumfang und Frequenz festlegen:** Basierend auf den Ergebnissen im Schritt „Alterungsverhalten verstehen“ und den ermittelten Möglichkeiten der Online-Überwachung sind nun die Details der gewählten Aktualisierungsstrategie wie Datenumfang, Frequenz des Retrainings, Umgang mit alten Daten endgültig festzulegen.

3. **Retraining und Modelliteration abgrenzen:** Nachdem Retraining keine Codeänderung auslöst, weil die Features und der Modellalgorithmus unverändert bleiben, ist das die kostengünstigste Aktualisierung eines Prognosemodells. Wenn sich das Modell jedoch sehr stark verändert, muss es grundlegend überarbeitet werden, d. h. es ist eine Modelliteration durchzuführen. Es ist daher zu klären, unter welchen Bedingungen eine Modelliteration durchzuführen ist, beispielsweise wenn trotz Retraining die Performance schlecht bleibt oder die Frequenz für Retraining zunimmt.

4. **Freigabeprozess definieren:** Wenn neue Modelle trainiert wurden (vielleicht wurden auch andere Algorithmen verwendet), dann ist entsprechend zu prüfen, ob die neuen Modelle tatsächlich besser sind. Insbesondere eine Modelliteration führt zu einem völlig anderen Modelltyp, der vor Einführung wieder umfassend getestet werden muss. Auch ist der Autonomiegrad festzulegen, d. h. es ist beispielsweise festzulegen, ob die Freigabe von neuen Modellen ausschließlich manuell erfolgen soll oder automatisch innerhalb festgelegter Grenzen durchgeführt werden darf.

Frequenz, Datenumfang, Autonomielevel

Vorgehensweise

1. Grundsätzliche Aktualisierungsstrategie festlegen
2. Datenumfang und Frequenz festlegen
3. Retraining und Modelliteration abgrenzen
4. Freigabeprozess definieren

Optimierung Klebermenge

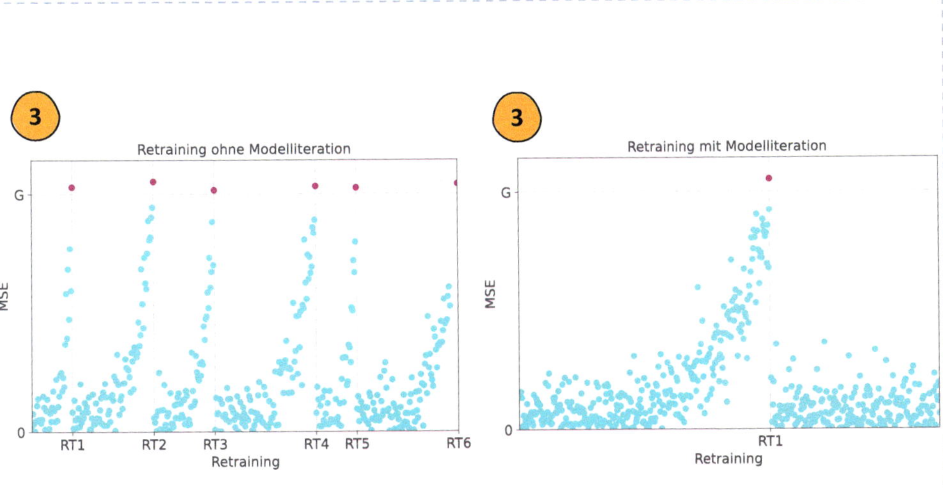

In dem Beispiel zur Optimierung der Klebermenge entscheidet man sich für eine zustandsorientierte Aktualisierungsstrategie mithilfe des MSE-Wertes. Aufgrund der vielen erforderlichen Retrainings entscheidet man sich für eine Modelliteration und führt mit den Domänenexperten einen Feature Engineering Workshop durch. Es zeigt sich, dass die Luftfeuchte als zusätzliches Feature aufgenommen werden muss. Danach läuft das Regressionsmodell wieder stabil. Als Autonomiegrad wurde Level 2 gewählt, d. h. die Daten werden automatisch erfasst, und automatisch findet ein Retraining statt, eine menschliche Freigabe von neuen Modellen ist jedoch zwingend erforderlich.

Nutzen

Die Festlegung der geeigneten Aktualisierungsstrategie stellt sicher, dass die Modelle so oft wie nötig und so selten wie möglich aktualisiert werden. So erreicht man ein aktuelles Modell mit möglichst niedrigen Kosten.

Praxistipp

Eine Kombination von einerseits fixen Intervallen, in denen ein Retraining mit Online-Training eingeplant ist, hat sich bewährt. Je nach Überwachungsergebnis kann früher trainiert oder ein Retraining übersprungen werden.

11.5 Training und Wartung von ML-Modellen automatisieren (MLOps)

Worum geht es?

Der Begriff MLOps (Machine Learning Operations) steht für eine Reihe von Praktiken, die darauf abzielen, Modelle für Machine Learning schnell, zuverlässig und effizient bereitzustellen und zu warten. Als Erweiterung zu DevOps gewährleistet MLOps nicht nur die Realisierung, Bereitstellung und Überwachung der Software-Lösung, sondern auch den richtigen Umgang mit den einzigartigen Herausforderungen von Machine-Learning-Lösungen.

Wie geht man vor?

1. **Herausforderungen und Ziele ableiten:** Zunächst ist es wichtig, sich über die aktuellen Herausforderungen im gegenständlichen Use Case klar zu werden. Wie oft ist davon auszugehen, dass Modelle neu zu trainieren sind, welche Personen müssen hierzu sehr eng zusammenarbeiten, welcher Automatisierungsgrad ist notwendig und welche Anforderungen gibt es bezüglich der kontinuierlichen Bereitstellung und des Testens von neuen Modellen?

2. **Machine Learning Pipeline designen:** Basierend auf den Anforderungen der aktuellen bzw. zukünftigen Use Cases wird der Prozess vom Training bis zum kontinuierlichen Warten von Modellen gemeinsam im Team festgelegt. Hier sind die Ergebnisse der vorherig beschriebenen Schritte beispielsweise bezüglich der geplanten Online-Überwachung des Modells zu berücksichtigen. Ein wesentliches Prinzip besteht darin, die verschiedenen Schritte in der Machine-Learning-Pipeline zu automatisieren, wobei hier Cloud-Plattformen bereits zahlreiche Möglichkeiten anbieten. Hierzu werden die Konzepte von Continuous Integration (CI)), Continuous Testing (CT) und Continuous Deployment (CD) genutzt, um Wiederholbarkeit, Konsistenz und Skalierbarkeit zu garantieren. Damit ist man beispielsweise in der Lage, alle Machine-Learning-Modelle innerhalb von Minuten zu aktualisieren, sie stündlich neu zu trainieren und gleichzeitig auf einer Vielzahl von Servern erneut produktiv zu setzen. Ein wesentlicher Grundsatz bei MLOps ist auch die Versionskontrolle, d. h. die Sicherstellung, dass jedes Machine-Learning-Modell versioniert ist, um das Training der Modelle reproduzierbar und überprüfbar zu machen.

3. **Zusammenarbeit und Rollen definieren:** Basierend auf der definierten Machine-Learning-Pipeline ist festzulegen, in welcher Aufbauorganisation die für den Prozess verantwortlichen Funktionen zusammenarbeiten. Bevorzugt wird im Sinne von MLOps ein funktionsübergreifendes Team, das für Training, Deployment und Wartung der Modelle zuständig ist.

MLOps mit CI, CT und CD

Vorgehensweise

1. Herausforderungen und Ziele ableiten
2. Machine Learning Pipeline designen (CI, CT und CD)
3. Zusammenarbeit und Rollen definieren

ML-gestützte Produktempfehlungen

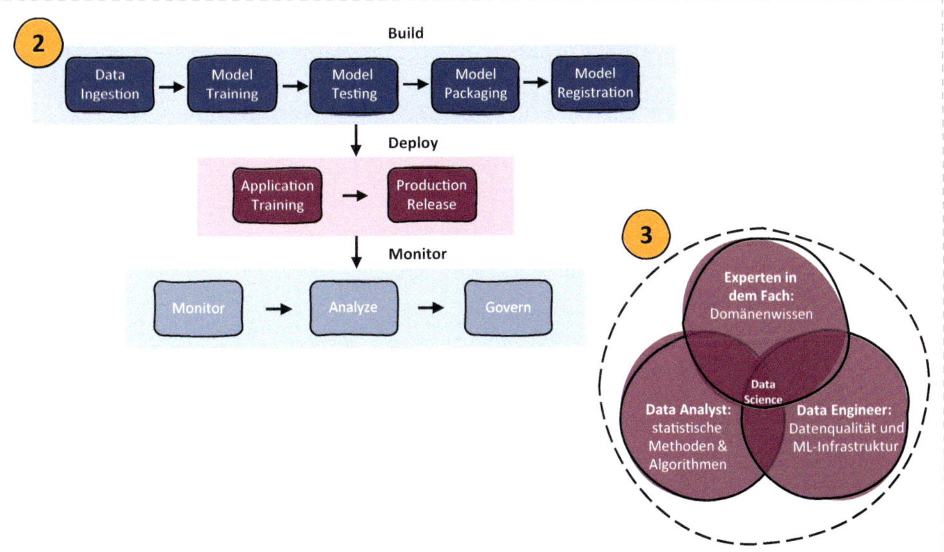

Ein E-Commerce-Unternehmen nutzt MLOps, um seine ML-gestützten Produktempfehlungen kontinuierlich zu verbessern. Durch die Verwendung von Continuous Integration (CI), Continuous Testing (CT) und Continuous Deployment (CD) innerhalb von MLOps kann das Unternehmen schnell auf veränderte Marktbedingungen reagieren, die Leistung seiner Modelle optimieren und so die Kundenzufriedenheit und Umsätze steigern. Diese Methode gewährleistet eine agile, effiziente und fehlerresistente Aktualisierung und Wartung ihrer Machine-Learning-Modelle.

Nutzen

MLOps stellt sicher, dass Modelle für maschinelles Lernen schnell, zuverlässig und effizient bereitgestellt und gewartet werden. Wichtig hierbei ist die ganzheitliche Verantwortung für die Lösung durch ein funktionsübergreifendes Team.

Praxistipp

Cloud-Plattformen bieten bereits zahlreiche Möglichkeiten zur Realisierung der Überwachung. Grafana, zusammen mit Lösungen wie Loki, Tempo oder Prometheus, stammt aus diesem Bereich und legt den Fokus auf die ständige Beobachtbarkeit (Observability).

12 Die Autoren

DR. DIPL.-ING. OLIVER JÖBSTL

Geschäftsführer der successfactory management coaching GmbH

Geb. 1969 in Leoben, absolvierte das Studium der Werkstoffwissenschaften der Montanuniversität Leoben und dissertierte am Institut für Wirtschafts- und Betriebswissenschaften in den Themengebieten Qualitätsmanagement und Anlagenwirtschaft. Er ist Mitgründer der successfactory management coaching GmbH in Leoben und berät seit 2000 Industrieunternehmen u. a. in den Bereichen Qualitätsmanagement, statistische Modellierung, Machine Learning und künstliche Intelligenz in industriellen Anwendungen.

JÜRGEN LIPP

Consultant und Trainer bei der successfactory management coaching GmbH

Geb. 1979 in Graz, startete nach der höheren technischen Lehranstalt für Informatik in Kaindorf als Softwareentwickler. Nach verschiedenen Positionen übernahm er 2010 bis 2015 die Systemsoftwareentwicklung bei der Atronic (heute IGT). Von 2013 bis 2015 berufsbegleitendes Masterstudium Software Engineering Leadership am Campus02 in Graz und der oose Innovative Informatik in Hamburg. Nach weiteren Stationen als Engineering Manager bei NXP Semiconductors, pmOne AG und ADB Safegate startete er 2020 als Consultant und Trainer bei der successfactory management coaching GmbH, um bei Software- und KI-Projekten in mittelständischen und großen Unternehmen seine Erfahrungen weitergeben zu können.

PROF. DR. MANFRED STROHRMANN

Professor für Grundlagen der Elektrotechnik und Systemtheorie an der Fakultät für Elektro- und Informationstechnik der Hochschule Karlsruhe

In Kooperation mit lokalen Industriepartnern setzt er statistische Verfahren des Design for Six Sigma und Machine Learning praxisnah in Industrieprodukte um. An der Hochschule widmet er sich außerdem der Didaktik der Ingenieurwissenschaften. Dafür ist er im Jahr 2016 durch den Lehrpreis der Hochschule Karlsruhe ausgezeichnet worden. Als Dekan ist er bestrebt, die dabei erarbeiteten Konzepte in den Lehrbetrieb und in die Studien- und Prüfungsordnungen zu integrieren.

13 Index

Symbole

A

B

C

D

E

F

L

M